Youも
Meも
宇宙人

いけのり=著
松井孝典=監修

地湧社

はじめに

「生命は地球上で生まれた」

というのが、現時点（2018年2月）での一般常識です。

ところがどっこい、実は、

「生命は宇宙で生まれて、地球にやって来た」

という説が正しいようだ…そんなお話をしようと思います。あ、最初に申し上げておきたいのは、これは決して**怪しい「スピリチュアル」な話**でも、**「オカルト」な話**でも、はたまた**「独善的」な話**でもなく、**正統な科学的根拠（実証）に基づいた話**だということです。

宇宙や生命の話を専門家以外の人間が語るとですね、

「あの人、いっちゃってる」

と思われてしまう節があるので、そちらを心に留めておいていただけたらウレピーです。

この本の目的は、文系でありながも宇宙かぶれの私が、**世界的に**

権威のある研究者の方々の小難しいお話をゆるい文体で解説し、今超々注目の研究分野である「**アストロバイオロジー（宇宙生物学）**」に興味を持ってもらうこと、そして、**常識に囚われずに自らの頭で考える力**を付けてもらうことです。

常識は不変ではなく、時代によって移り変わります。私の好きな鴨長明＊1の言葉を借りれば、

「ゆく河の流れは絶えずして、しかももとの水にあらず」

　　　　　＊1平安時代後期～鎌倉時代の歌人・随筆家。代表作は「方丈記」。

という感じです。

しかし、人は「当然のことだと思っている事柄」に固執し、それをなかなか否定することができません。

新しいことを受け入れるには、思慮と勇気がいるのです。

この本でも説明させていただきますが、「天動説」＊2が「地動説」＊3に移り変わった時がそうでした。

皆さん、**柔軟な思考で一緒に常識を更新**していきましょう。

　　　　　＊2地球の周りを太陽が回ること
　　　　　＊3太陽の周りを地球が回ること

では、早速はじめましょうか。

もくじ

はじめに ——————————————————————————— 3

第1章 生命はどこで誕生したの? と聞かれたら ———— 9

模範解答は「地球上で生まれました」だったのですが…

「地球ができてから生命が誕生した」も怪しい

「We are aliens! You も Me も宇宙人」です。

第2章 歴史的な「常識」VS「非常識」論争 ——————— 15

ぶっちゃけ、どっちだっていい?「天動説」VS「地動説」

アナタも常識を疑う姿勢で生きてみませぬか?

第3章 大炎上! 生命誕生の謎論争 ———————————— 21

生命の誕生に関する「トンデモ説」を一挙紹介!

今ではお笑い…「自然発生説」

～生命はその辺の土から突然湧いてきたんだよ～

「自然発生説」っておかしくねー? という動きが活発化

「自然発生説」、やっと完全否定されるの巻

とってもスピリチュアルな「生気説」も出現…

ってゆうか、「生命ってそもそも一体何?」という問題

蒸し返される「自然発生説」。 もういいよ、「化学進化説」の提唱

無機物と有機物の違いをおさらいしましょう

「ミラーの実験」～無機物から有機物作っちゃるわ～

生命が誕生する確率はどんだけぇ～低いのか

5

第4章 「彗星パンスペルミア説」って何ですか? ————— 44

怪しさ満点⁉「彗星パンスペルミア説」

今キテル研究分野「アストロバイオロジー」とは?

パンスペルミア説を唱えた天才学者たち

　　①「ビッグバン」の名付け親、サー・フレッド・ホイル博士

　　② スラスラ言えたらかっこいい? チャンドラ・ウィクラマシンゲ博士

「パンスペルミア」って、そもそもどういう意味ですか?

反論は「オッカムの剃刀」と「フェルミのパラドックス」で…

パンスペルミア説の歴史まとめ

いっちゃってる…(⁉)「意図的パンスペルミア説」

本当の自分の姿がわかる「パンスペルミア占い」

第5章 「彗星パンスペルミア説」の謎① ————— 72
〜パンスペルミア状態は可能か?〜

過酷な宇宙空間で生命は生き延びられるのか

「宇宙に生命がいる」証拠の相次ぐ発見

そもそもDNAって何やねん

他にもアリアリ。太陽系惑星や宇宙空間に生命がいそうな証拠

地球上のありえない環境で生きる「極限環境微生物」

極限環境って、どれくらい極限なんですか?

世界最強の生物、不思議ちゃん「クマムシ」くん

第6章 「彗星パンスペルミア説」の謎② ～なぜ彗星なのか～ —— 90

彗星って何？ ここにもアリストテレスの呪縛が登場…

彗星の基本知識～大きさ、形、構造（核・コマ・尾）～

彗星と流星、隕石との違い

彗星の中で「生命」は生きていられるのか

似ているようで全然違う！ ウイルスとバクテリア（細菌）

疑問①「彗星は、生命が宇宙空間で生きていられるような環境なのか？」

疑問②「大気圏に突入する時に焼き尽くされてしまうのでは？」

疑問③「地上に着陸する際に地面に激突して死んでしまうのでは？」

生命誕生の時期に彗星の衝突が半端なかった!?

動かぬ証拠。ハレー彗星のダストはバクテリア!?

第7章 「ウイルス進化説」 —— 111
～彗星パンスペルミア説によるnew進化論～

「ダーウィン系の進化論」をおさらいしましょう

生物は遺伝子のミス・コピーによって高等に進化した!?

ここが変だよ！ ダーウィン系の進化論

「ウイルス進化説」生物の多様性はウイルスによる遺伝子組み換えで生まれた！

インフルエンザウイルスも宇宙から？ 流行と感染経路の謎

「ウイルス進化説」まとめ～生物は結局のところ2分類～

あとがき 「で、結局何が重要な事なのか」 —— 139

巻末付録① 生命誕生の確率の出し方 —— 146

巻末付録②「地球で生命が誕生したと考えるには時間が短過ぎる」の根拠の出し方 —— 147

巻末付録③ パンスペルミアテスト！
　　　　　あなたはどこまで彗星パンスペルミアを理解できたか —— 148

巻末付録④ オススメのパンスペルミア本 —— 151

You も Me も宇宙人プロジェクトメンバー紹介 —— 152

チャンドラ・ウィクラマシンゲ博士からのお手紙 —— 158

7

第1章
生命はどこで誕生したの？と聞かれたら

模範解答は「地球上で生まれました」だったのですが…
我々（生命）は、このかけがえのない素晴らしい水の惑星である地球で誕生し、長い歳月をかけて脈々とその種類と数を増やしてきたと信じられてきました。

生物界の頂点に君臨している人間も（…頂点って、人間が勝手にそう思っているだけですが）その他の生物も、**地球由来の生命**。

そしてこの地球は、宇宙内で唯一生命がいるとても特別な存在である…これが世間一般の常識でした。

これを生命の「**地球起源説**」と言います。

「わたしたち、生物の頂点！地球由来の地球人です」のはずだった…

ところがどっこい、現在、**どうやらその「地球起源説」は、間違っている**かもしれないという考えが注目を浴びてきていることを、皆さんはご存じでしたか？

ええ、ええ、昨今の科学的知財の蓄積により、どうやら生命は地球上で誕生したのではなく、**宇宙のどこかで誕生した後、彗星によって地球に到達した**という

「彗星パンスペルミア説」

（詳しくは本書の第4章「彗星パンスペルミア説」とは）が、支持され始めてきているのです。

「生命が宇宙で誕生したという説」を生命が地球で誕生した「地球起源説」に対して、**「宇宙起源説」**と言います。この「宇宙起源説」を基礎とするようになると、これまで常識とされてきた様々なことがひっくり返ります。

「地球ができてから生命が誕生した」も怪しい

宇宙誕生から生命誕生までの順番について考えてみましょう。今までは

「宇宙 ➡ 銀河系 ➡ 太陽・地球 ➡ 生命」

と考えられてきました。簡単に年表にまとめると、こんな感じです。

●宇宙～生命誕生の常識的年表

137～138億年前	宇宙の誕生　ビックバン
120～130億年前	銀河系の誕生
50億年前～45億年前	太陽・地球の誕生
40億年前（±2億年）	生命の誕生

…「億年」となった時点で、私なんぞにはもうちょっとよくわからない世界ですが、どうにかこうにか説明を続けますと、生命が彗星に乗って地球にやって来たとなれば、この誕生の順番も怪しいことになります。

もしかしたら正しい誕生の順番は、

「宇宙 ➡ 銀河系 ➡ 生命 ➡ 地球」

かもしれません。すごくないですか？

…銀河です。

「We are aliens! You も Me も宇宙人」です。

ええ、ええ、生命は地球上で誕生して増えていったのではなく、どこかの宇宙で奇跡的に生まれ、そして増幅しながら宇宙の中を旅し、その過程で地球に降り立った。

地球には液体の水が存在しており、気温も適温で、生命にとって何やらとても過ごしやすい環境であったため、今日のように繁栄するに至った…

そう、**我々の祖先は宇宙内をフラフラ漂う流浪の民**。地球には仮住まいしているだけだったのです。またまた鴨長明風に言うと、地球は単なる「**仮の宿り**」

ええ、ええ、我々は地球由来ではなく、宇宙由来。タイトルにもある通り、

「We are aliens！You も Me も宇宙人！」

なのです！　イエーイ。

これを聞いて、「そ、そんなバナナ…」と驚く方もいれば、「You も Me もって、軽過ぎねーか？」と思われる方もいれば、「**生命が誕生した場所が宇宙でも地球でも**、そんなのどっちでもええわ〜自分の生活には何の関係もないし」という方もいらっしゃると思います。

ま、確かに生命がどこでどのように誕生していようが、そんなことは**どうでもいいこと**かもしれません。地球だって宇宙の一部ですし、宇宙も地球も変わりないように思えるかもしれません。

がしかし、そんなことはないのです。これが実は、**大問題**なのです。何故なら、地球という超限られた空間での条件下で物事を考えるのと、宇宙という広大で何でもあり（！？）の空間を相手に理論を展開するのとでは、**得られる結果が全く別物**だからです。**地球に固執していたら、その先の進展が望めない…**。

また、人間は自分で自分のことを高等生物、生物の頂点のように言っていますが、このアストロバイオロジーの研究を突き詰めていくと、**人間のような知的生命体は広い宇宙内にいくらでも存在している**こともわかります。

そして、我々が時に大袈裟に頭を悩ませている人生のこと・日常の

ことなどが、**全然大したことがない**ことなのだと気付けるなど、**ステキングな副産物**もたくさんあります。

今は、「地球起源説」の方が常識、「宇宙起源説」は非常識（トンデモ説とも）という風潮がありますが、信じられている常識が永遠に正しいということはありません。先進的な実証実験などによって知的資材が整って誤りが発覚し、世間がそれを受け入れれば、**常識だったものは一気に非常識へと転落し、非常識だったものが常識に躍り出る**ことになるからです。「**天動説**」と「**地動説**」**の論争**の時がまさにそうでした。

歴史は繰り返します。

ええ、ええ、実はこの「生命は地球で誕生した」VS「生命は宇宙で

誕生した」論争は、「天動説」VS「地動説」の論争の時に**クリソツ**なのです。

というわけで、次の章では「天動説」VS「地動説」の論争について、ちょっくらおさらいをしておきましょう。歴史を学ぶのはとても大事なことですしね。

第2章
歴史的な「常識」VS「非常識」論争?

ぶっちゃけ、どっちだっていい?　「天動説」VS「地動説」
地球が中心で太陽が地球の周りを回っているのか、それとも太陽が中心にあって、地球が太陽の周りを回っているのか…
人間は長い間、前者の「天動説」を信じ、不動なのは地球の方で、太陽をはじめ天体がその周りを回っていると思っていました。「地球ほどの惑星はないぜー」という、**自己チューな人間中心主義と地球中心論**です。そしてそれは長らくの間、疑うべくもない「常識」でした。

実際、私には今も地球が回っている（動いている）感覚がないため、日々、天が自分の上を動いているように見えます。私は地動説が正しいと思っていますが、地動説を知らない子供などは、普通に天が動いていると思っていることでしょう。だからと言って**生活には何の支障もありません。**

そう、地球の周りを太陽が回っていようが、地球が太陽の周りを周っていようが、そんなのどっちでもいい。一般ピーポーの生活には、何の関係もないように思えます。

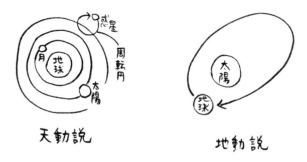

がしかし、天動説を基礎としていると、たくさんの矛盾点や変チクリンな部分が出てきます。そして、その矛盾点や変チクリンな部分を説明するためには「天動説が正しいことを証明する研究」をしないとならなくなったりします。そしてそんな無駄なことをしていたせいで、もっと**重要な研究が置いてきぼり**にされ、そこから先に進まなくなったり、誤った方向に進んでしまったりしたのです。

正しくないことを正しいと証明するための研究って…おバカなことだと思いませんか？

会社などでも、うまくいっていないプロジェクトを社長にうまくいっているように説明するための「**方向性は間違ってない**」という趣旨の資料作りに社員達が追われたりすることがあります。これを「社長天動説」と言いますが（えッ？　聞いたことない？）、それに何だか似ていますね (;´д`)トホホ。

ここで、「間違っていた天動説」VS「なかなか認めてもらえなかったものの、実は正しかった地動説」論争を簡単な年表にまとめてみましたので、ご覧ください。注目は「地動説」を唱えたために、火あぶりの刑にされてしまったジョルダーノ・ブルーノ。今の時代ではありえない話ですね。

● ［天動説 VS 地動説　年表］

宇宙の中心は中心火	フィロラオス （BC470 年 -BC 385 年）	宇宙の中心に中心火があり、すべての天体はその周りを公転する。
宇宙の中心は太陽	プラトン （BC427 年 -BC 347 年）	善のイデアである太陽が宇宙の中心にある。
世界の中心に地球がある	アリストテレス（ BC384 年 -BC 322 年）	地球の外側に月、水星、金星、太陽、その他の惑星等が同心円上の階層構造をしている。
「地動説」を初めて唱えた （Heliocentrism）	アリスタルコス （BC310 年 -BC 230 年）	太陽を中心に据え、惑星の配置を正確に示した"科学"としての"太陽中心設"を唱えた（BC280 年）。
「天動説」を体系化 （Geocentrism）	クラウディオス・プトレマイオス （83 年頃 - 168 年頃）	「アルマゲスト」で地球中心の宇宙を唱えた。天文学を数学的に体系付け、実用的な計算方法を示した。
「地動説」を唱える	ニコラウス・コペルニクス （1473 年 -1543 年）	天体の回転について（1543 年）。各惑星の公転半径を地球の公転半径との比で決定。
コペルニクスの「地動説」を支持	ヨハネス・ケプラー （1571 年 -1630 年）	「宇宙・神秘（1597 年）」。ティコ・ブラーエの膨大な観測記録を元に公刊。
「地動説」を支持する証拠を示した	ガリレオ・ガリレイ （1564 年 -1642 年）	「慣性の法則」の発見。木星の衛星の発見。"ガリレオ裁判"によってトスカーナの別荘に軟禁。"それでも地球は回っている"と呟いたとされている。「天文対話（1632 年）」、「新科学論議（1638 年）」。
「地動説」支持者が火あぶりの刑に	ジョルダーノ・ブルーノ （1548 年 -1600 年）	異端審問の結果火刑。太陽も地球も特別な存在でないと主張。
ローマ教皇庁及びカトリックが正式に「天動説」を放棄し「地動説」を承認	ローマ教皇庁 （1992 年）	ガリレオ・ガリレイ死後359 年を経てガリレイに対する異端決議は解かれた。

アナタも常識を疑う姿勢で生きてみませぬか？

常識とされていることを覆すのは容易なことではありませんが、「天動説」は完全否定され、今では「地動説」が常識となりました。ええ、ええ、今この時代に天が地球の周りを回っているなどと言ったら、逆におかしな人だと思われてしまいますね。

「常識」だと思っていたことが、科学の進歩によって「非常識」になる…「生命はどこで生まれたのか」という論争も、この道を辿っているように思われます。科学が進化し、たくさんの新しい発見や実証データが得られるようになる中で、

「天動説」→「地動説」

となったように、生命の誕生に関する常識も、

「地球起源説」→「宇宙起源説」
「（生命は地球で生まれ、地球以外では生命は生きられない）　　（生命は宇宙で生まれ、宇宙空間には生命が満ちている）

となるところです。

"We are aliens! (not Earthlings)"

我々がもっとその先へと進んでいくため、この新常識を先取りして

いきましょう。

次の章からは、これまでの生命誕生についての論争の歴史を振り返るとともに、「生命ってそもそも何なのか」など生命について今一度よく考え、「宇宙起源説」の世界に突入していきたいと思います。

第3章

大炎上！　生命誕生の謎論争

生命の誕生に関する「トンデモ説」を一挙紹介！

さて、本章では「我々は宇宙人なんだぁ〜！　ウェ〜イ♪」という話から離れ、「地球起源説（生命は地球で誕生した）」という古き良き時代の前提の下、「**生命がどうやって誕生したか**」の論争の歴史を振り返り、やっぱりどう考えても変だよ「地球起源説」という方向に皆さんを誘（いざな）いたいと思います。

先程　お伝えした通り、地球ができたのが約 45 〜 46 億年前とされています。

その後、ほにゃららがほにゃららして地球上で生命が誕生し、進化して、現在の状態に至っていることになっています。そして、この「**ほにゃららがほにゃららして**」の部分については、いまだ詳しいことがわかっておらず、これまでに様々な説が生まれては消え、消えては生まれ、人々の間に生命の起源の大論争が巻き起りました。沼から生まれたとか、濡れた雑巾から生まれたとか、空気から生まれたとか、今となってはギャグのような面白い説がたくさんあります。では、生命の誕生について唱えられてきた「トンデモ説」を時系列で振り返ってみましょう。

21

今ではお笑い…「自然発生説」〜生命はその辺の土から突然湧いてきたんだよ〜

まず、今から約2600年前には、**アナクシマンドロス**（BC611年 - BC547年）による

「生命は太陽の働きによって、湿った土から自然に発生する」

髪の毛と髭が乾麺みたいなアナクシマンドロス

という説が信じられていました。

「おいおい、ソレ、ふわっとし過ぎじゃないか！」

と思ってしまうのですが、当時は実験によって事象を証明するという厳格な科学ではなく、自然現象の観察によって結論を導き出していたため、このようなおかしげなことしか言えなかったのです。
確かにその辺の湿った土を家に持ち帰り、小瓶か何かに入れてお

けば、コバエなどが勝手に湧いてくることでしょう。かの有名な哲学者、**アリストテレス**（BC384 年 - BC322 年）も、

「生命は地球上の池（クニドス近くの池）で自然発生した」

と言い切っており、この**ふわふわした一言**が「自然発生説」として後世までずっと残ることになります。なぜ、アリストテレスの一言がそこまで力を持つことになったかというと、彼は、泣く子も黙る哲学者ソクラテスの弟子のプラトンの弟子であり、しかも当時の権力者マケドニア王の家庭教師をしていたため、誰も彼の言うことに盾突けなかったのです。まあ、**人間界ってそんなもん**ですよね…

17 世紀の始めには、オランダの**ファン・ヘルモント**が「**汚れたシャツを倉庫に放置したら、ハツカネズミが自然発生した**」という実験も行っています（ホンマかいな…）。当時の科学の知識では、ファン・ヘルモントが有名な**錬金術師**でもあったため、このような実験結果が普通に認められていたとのことです。ハガレン*4 的にはありですが、科学的にはなしですね。

※4 荒川弘の人気漫画「鋼の錬金術師」。錬金術が主人公のファンタジー漫画

がしかし、世の中何が起こるかわかりませんので、汚れたシャツやらパンツやらをその辺に放置している方は、ネズミにお気を付けください。

あ、ここで話は少し脱線しますが、私が中学生の頃（かれこれ 25 年程前ですね）、かわいらしいコアラのキャラクターがプリントされ

たビスケット菓子の中に、盲腸になっているコアラが稀に紛れ込んでおり、それを見つけると幸せになれる！　と話題になったことがありました。

偶然、その盲腸コアラのビスケットを発見した私は、それを食べず

盲腸コアラの他に眉毛コアラも流行った

にガラスの小瓶に入れて密閉し、大事にとっておいたのでした。

コアラ捕獲から数か月後…家庭教師のお姉さんに自慢しようとビスケットの入った小瓶を手にとった際、ビスケットに**黄色い米粒**のようなものが付いているのを発見。「おや？」と思って目を凝らして見たところ、盲腸コアラビスケットにウジ虫が湧いていたのでした（汚いよ…）。アリストテレスがこれを見ていたら、

「生命は地球上のビスケットからも自然発生した。自然発生説は正しい。」

とドヤ顔で宣ったことでしょう。実際には、いろんな人に自慢する

ために瓶のフタを何度か開けていたので、その時に虫が付着した感じだと思いますが。…話を戻しましょう。

そして、アリストテレスによる自然発生説はその後、「**アリストテレスの呪縛**」と呼ばれながら長きに渡り支持されることとなります。何故「呪縛」なのかと言うと、この自然発生説のおかげで、地球

「幸せかどうかは、自分次第である」byアリストテレス

上の科学者・生物学者たちは、「いかにして生物は（地球上で）生まれたのか」、「生物をゼロから作るには、どうしたらいいのか」というテーマの解明に、膨大な時間とエネルギーとを無駄に費やすことになり、それ以外の説（生命は地球外で誕生した）について研究する機会が奪われたためです。**自然発生説が後の生物学の発展を大きく妨げた**ことは、誰にも否定できないでしょう。

…天動説が支持されていた時の状況に、何だかちょっと似てま

すね。（というか、ついでに言うとアリストテレスは天動説の支持派でもあります。）自然発生説を否定する動きが本格化したのは、アリストテレスの没後 2000 年が経過してからでした。

「自然発生説」っておかしくねー？ という動きが活発化

17 世紀の後半、イタリアの**フランチェスコ・レディ**（1626 年 - 1697 年）は、フタをしない瓶とフタをした瓶の中に魚の死体を入れて放置する実験を行いました。この結果、フタをしていない瓶ではウジが発生するが、フタをした瓶の方はウジが発生しな

髪形がたわしみたいなフランチェスコ。

いことを確認しました。ここから彼は、フタをした瓶はハエが卵を産みつけることができなかったからウジが発生しなかったのだと結論付け、**自然発生説を否定**しました。

しかしこの実験では、「ウジが自然発生しない」ことを証明できただけで、自然発生説を完全に否定することはできませんでした。まあ、確かにそうですね…。

また、18世紀の後半、微生物学の父と言われたオランダの**アントニー・レーウェンフック**（1632年 - 1723年）は、自作の顕微鏡で湖の泥を観察していたところ、泥水の中で動き回っている微生物を発見。この微生物の発見によって、微生物が自然発生するのかどうかの論争が起こることになり、この辺から自然発生説の議論が大きく進展しました。

モップみたいな髪形のアントニー・レーウェンフック。

ちなみにアントニー・レーウェンフックは相当マニアックな奇人で、とにもかくにも細菌が好き。口の中の細菌を最初に見つけたのもこの人です。自分や家族の歯垢、生まれてこのかた歯を磨いたことがないという高齢男性の歯垢をゲットし（汚いな…）、顕

微鏡で観察。うごめく細菌たちを見て、「アンビリーバブルな程たくさんの微小動物が激しく泳ぎ回っており、まるで唾液が生きているよう〜」と表現したそうです。

こんな変人アントニー・レーウェンフックですが、娘さんとの関係はびっくりするくらいに良好！　**細菌まみれの変人**が父親だったら普通は嫌になっちゃうと思うのですが、父を信じて生活全般を面倒見ていたそうです。持つべきものは愛情いっぱいの家族ですね。

さらに、実験動物学の祖、イタリアの**ラザロ・スパランツァーニ**（1729 年 – 1799 年）は、肉汁をフラスコに入れて 1 時間煮沸してから密閉すると微生物が発生しないことと、そのフラスコ内に空気が通じると肉汁が腐って微生物が発生することを突き止めました。

このことから彼は、生物が自然発生することはないと結論付けましたが、彼と同じ実験をした**ジョン・ニーダム**（1713 年 - 1781 年）は、密閉すると酸素が供給されないから、微生物が増殖しないのではないかと反論しました。この喧嘩は 19 世紀に入っても続きました。

「自然発生説」、やっと完全否定されるの巻

そんな喧嘩に終止符が打たれる時が来ます。この話、もうええ加減にせえよということで、パリ科学アカデミーが、この問題を解決した者に賞金を与えるという手に出たのです。そして、やっとこさ自然発生説が間違っていたことを完全に証明する殿方が現れます。

そのメシア（救世主）的人物の名は、**ルイ・パスツール博士**（1822 – 1895 年）。

パスツール博士は、有名な **「白鳥の首フラスコ実験」**（1861 年）によって、「生命は生命からしか生まれない」、つまり、生命がその辺からふわっと自然発生などしないことを証明しました。

「白鳥の首フラスコ実験」とは、次のようなものです。

パスツール博士は新鮮な空気は入るけれど、微生物は入ることができない白鳥の首のような S 字管のついたフラスコを使い、スパランツァーニと同様の実験を行いました。

このフラスコに肉汁を入れて煮沸し放置した後で、もし、微生物が自然発生するならば、やがてフラスコの中で微生物が発生して肉汁を腐らせるはずですが、肉汁は時間がたっても腐りませんでした。

パスツール博士の実験で微生物が自然に発生することはない、

「**生命は生命からのみ生まれる（Omne vivum ex vivo）**」こ
とが証明され、生物の自然発生説は完全に否定されました。ええ、
ええ、なるほど〜という感じですね。パスツール博士、天才！
最高！

これまで私の中では、白鳥と言えば志村けん氏でしたが、これを
知り、白鳥と言えばパスツール博士となりました。

とってもスピリチュアルな「生気説」も出現…

また、自然発生説以外にも「**生気説**」**という怪し過ぎる説**が出
現しました。この説は「生命に非生物にはない特別な力を認め
る」ところから生まれています。生気説を一言で言うと「精神ま
たは霊によって、生命が発生した」という説です。かなりスピっ
てますよね。

私の大好物の「仁義なき戦い」等の任侠映画ではよく、敵の命を
奪うことを「**たまとったる〜**」と言うのですが、まさにその「た
ま（＝魂）」が、生命を生命たらしめるという説です。

生物は明らかに無生物の物体とは違い、「たま」が宿っている物
体である、と考えられるようになったのがこの生気説の出現でわ
かります。ええ、ええ、言いたいことはわかるのですが、科学的
な感じではなくちょっと**いっちゃってる**感じであります。

古き良き時代の志村けん氏の白鳥の湖。

自然発生説とアンチ自然発生説を時系列にまとめてみましたので、

参考までに…。

● ［自然発生説の歴史］

紀元前6世紀	アナクシマンドロス（BC611年-BC547年）が、「自然発生説」を最初に提唱。	生物は太陽の働きによって、湿った土から自然に発生する。
紀元前6世紀	アナクシマンドロスが生命の「進化論」を最初に提唱。	人類の幼年期は長い。そのもとは魚のような生物。
紀元前6世紀	アナクシメネス（BC540年頃）が「生命の仲立ちは空気」と発言。	生命誕生の仲立ちは空気である。
紀元前4世紀	アリストテレス（BC384年–BC322年）がアナクシマンドロスの自然発生説を強力バックアップ→アリストテレスの呪縛開始。	アナクシマンドロスの提唱に対し、いくつかの観察などを加えた。昆虫やダニは親以外からも露や泥やゴミや汗から自然に発生。エビやウナギは泥から自然に発生。

● ［アンチ自然発生説の歴史］

「自然発生説」に対するはじめての反証	フランチェスコ・レディー（1626年 - 1697年）	「昆虫の世代についての実験」でウジのもととなる生命は自然発生するのでなく、大気から入ってくることを実験で示した。
微生物の発見（1672年）	アントニ・ファン・レーウェンフック（1632年 - 1723年）	自作の顕微鏡を使って微生物を観察。「微生物学の父」。ヨハネス・フェルメール（画家）の遺産管財人でもある。
微生物の自然発生を実験的に否定	ラザロ・スパランツァーニ（1729年 - 1799年）	ジョン・ニーダムの微生物の自然発生（1745年）を、汚染が起きない実験方法によって否定。
「白鳥の首フラスコ実験」によって自然発生説を完全否定（1861年）	ルイ・パスツール（1822年 - 1895年）	"生命は生命からしか生まれない（Omne vivum ex vivo）"。生命の起源に関しては、実験的には証明できるものではない。「自然発生説の検討（1881年）」。
パスツールの実験を支持（1874年）	ヘルマン・フォン・ヘルムホルツ（1821年 - 1894年）	パスツールの実験は正確に科学的手法である。生命は物質と同じように古いものではないか。

【補足】 1870年創刊の科学誌「Nature」は、パスツールの主張が正しいとすると生命の起源は宇宙ということになるため社説で反論。

ってゆうか、「生命ってそもそも一体何?」という問題

ここで考え始めると止まらないのが、「生命とは何か?」ということです。

皆さん、ご存知でしたか?　現在、**「生命とは何か?」の定義自体、ちょっと曖昧**であるということを…。一説ではこれまでに 200 も 300 も定義がある（あった）そうです。息をするとか、動くとか、進化するとか。

中には、「生命は、見ればわかる」なんて乱暴過ぎるものも…そりゃそうなんですけどね。そんな中、最も支持されている生命の定義は、次の 3 つです。

生命の定義（敢えて言うと）

① **外界と自分を隔てる膜がある。**

② **自己を複製する。**

③ **代謝** *5 **する。**（物質を出入りさせてエネルギーを作る）

*5 簡単に言うと呼吸をしたり、ご飯を食べて便を排出したりすることですね

ちなみにこの定義に則ると、代謝もしない**ウイルスは非生命**ということになります。あの自らウヨウヨ動くイメージのあるウイ

ルスが非生命？　ちょっとなんか変な感じがします。

何と言うか、野菜だと思っていた大好物のきのこが植物ではなく、菌類だったと知った時のあの微妙な気持ちに似ています。（わかんねーよ）

あ、あとは念のため追記しておきますと、4つ目の定義として「変化・進化・遺伝する」を挙げる研究者も多いそうです。（ウイルスや進化については、後半でも触れます。）

蒸し返される「自然発生説」。
もういいよ、「化学進化説」の提唱

そして、パスツール博士によって完全否定されたはずの自然発生説でしたが、20世紀に入り、再びゾンビのように蘇ります。…アリストテレスの呪縛力は凄まじいですね。

そのゾンビのような説が、ロシアの科学者 **A.I. オパーリン** とイギリスの生物学者 **J.B.S ホールデン** が提唱した「化学進化説」というものです。これは、生命が発生するステップに関する説で、生命は「無機物→有機物→生命」の順番で地球上のどこかで誕生したという考えが基礎になっています。オパーリンは著作「生命の起源」（1924年）の中で、最初の生命について、次のように言っています。

「地球の大気や海にある単純な分子がぶつかって化学変化を起こ

し、少しずつ複雑な分子になっていった。そしてある時、分子が集まり最初の生命ができた」

このように、**化学反応によって単純な分子が生命を誕生させたという考え方を**「化学進化説」と言います。オパーリンは、地球誕生から冷めたばかりの原始地球を想定し、アンモニアやメタン、水素などの原始大気に放射線が当たり、アミノ酸や糖が出来て、生命が生まれるという考えを提唱しました。俗に言う「**原始スープ**」からの生命誕生説です。

ちなみに、現時点での地球起源説の有力説は、「原始海洋の深海底の熱水領域で誕生した」というものと「原始大陸の火山帯付近の温泉のような場所で誕生した」という説です。もちろんすべて仮説であり、現在までに完全な証明はなされていません。どちらも「**何かそれっぽくねー?**」という感じは否めない説ではありますね。

無機物と有機物の違いをおさらいしましょう

「無機物→有機物→生命」という流れが出てきたので、ここで念のため、無機物と有機物のおさらいをしておきたいと思います。中学の理科や高校の化学で習った記憶がある方もいらっしゃるかもしれませんが、私自身、忘れていたので老婆心から…

二つを簡単に説明すると、

無機物（無機化合物）とは…炭素が原子結合に含まれない物質

有機物（有機化合物）とは…炭素が原子結合の中心となる物質

と言うことができます。すなわち、有機物は加熱すると炭になったり、二酸化炭素を放出したりする物質のことで、無機物は有機物以外の物質のこと、とも言うことができます。

● ［有機物と無機物のよくある分類］

有機物の例	無機物の例
紙	水素
木	酸素
エタノール	水
石油	食塩
砂糖	金属（鉄や銅・アルミニウムなど）
ろう	ガラス

有機物は無機物よりも生命に近い存在であるので、

「無機物 → 有機物 → 生命」

の順番で生命が誕生したという仮説が生まれるのは、何となくわかりますね。わかりますが…

「無機物→有機物」はできても、**「有機物→生命」へのジャンプは物凄く大変**です。ノーベル賞を授与する権限のない知人が、

「これができたらノーベル賞 1,000 個あ・げ・る♥」

と、うそぶいてましたが、まあ、どれくらい大変かは後程説明を
…。

「ミラーの実験」〜無機物から有機物作っちゃるわ〜

1953 年には、今となってはトンデモ実験となってしまった「生命をゼロから作る実験」も行われました。

シカゴ大学の**ハロルド・ユーリー**（1893 年 - 1981 年。1943 年重水素の発見でノーベル化学賞を受賞）と**スタンリー・ミラー**（1930 年 - 2007 年）が、フラスコの中にアンモニア、メタン、水素を入れ、その中で雷風に放電をし、アミノ酸などを作り出す実験を行いました。1 週間放電を続けたところ、20 種あるアミノ酸の内の 7 種ができるという結果になりました。

この実験は「**ミラーの実験**」と言われ、無機物中心の単純な化学物質から有機物ができることを初めて実証した実験で、当時はとてもセンセーショナルなものでした。今風に言うと、

放電でアミノ酸、デキタ──(ﾟ∀ﾟ)──‼

といった感じでしょう。ところが、その後の研究によって原始地球の大気は二酸化炭素、窒素と水蒸気であることが判明。

原始地球の大気はタンパク質のような高分子有機物（複雑な物質

のことですね）が存在するには、ハードルが高い酸化状態であることを示しており、地球上での「**化学進化説**」**は否定**されることと相成りました。ええ、ええ、実験でのフラスコ内の環境は、原子地球の環境と全然違ったんですね。言葉を選ばずに言うと、ミラーの実験は、

・間違っている材料を使い
・間違っている状況下で行い
・間違っている結論を出した

という、**何もかもが間違いだらけ**の実験だったのです。この実験の成果を敢えて挙げるとしたら、

「**無機物から有機物はできるけど、生命のような複雑な有機物が自然に生じることはほぼ不可能**」

ということが分かったことかもしれません。

生命が誕生する確率はどんだけぇ〜低いのか

その後も様々な研究者たちが**生命をゼロから作り出そう**と研究にいそしんでいるものの、成功した研究者はまだいません。ええ、

ええ、まだというか、今後も出て来ないと思われますが…

生命がゼロから誕生することが、どれだけ大変なことなのか…

有名な天文学者であり、SF小説作家でもある**サー・フレッド・ホイル**博士（1915年 - 2001年）＊6は、生命が誕生する確率を次のように表現しています。

＊6 ホイル博士については、第4章で詳しく説明します。

「廃材置き場の上を竜巻が通過した後で、ボーイング747 ジェット機が出来上がっているのと同じような確率である。」

…想像してみてください。何だかシャレが効いていて、COOLなたとえ話ですが、一言で言うと、生命の誕生は自然にはほぼありえない…ということです。ええ、ええ、**ゼロじゃないけど、ほとんどゼロ**です。もう奇跡レベルですね。

そして、その奇跡レベルの確率を数字で表すと、次のようになります。

$$10^{40,000} \text{分の} 1$$

ちなみに、**10 の 8 乗で 1 億**です。なので、10 の 40,000 乗は 1 億を 5,000 回かけたものになります。…うむ、本当によくわからない世界ですね。

ちなみに、**10^{64} は「不可思議（ふかしぎ）」、10^{68} は「無量大数（むりょうたいすう）」、10^{71} は「千無量大数」**と呼ばれています。普段使う機会は一切なさそうですが、知っていると**博識っぽい**ですね。

えッ？　何？　この 40,000 って数字は一体どこから持って来たんだって？　適当な事を言ってんじゃないよ！　ですって？？

…いいでしょう。そんな皆さんの疑問にお答えするため、この 40,000 という数字の根拠については、巻末で説明しましょう。

ええ、ええ、ここで説明を始めてしまうと、数字が苦手な方から脱落者が出てしまう恐れがあります故。

そんなこんなで、この確率的にはありえないことが起こり、我々は今こうしてここにいます。何だかよくわからないけど凄いことですよね （ ≧▽≦ ）

最初の方で申し上げた通り、宇宙が誕生したのが約 138 億年前。その後銀河系が生まれ、太陽・地球が誕生したのは 45 ～ 46 億年前とされています。

生命が地球で誕生したという仮説の下では、生命の誕生はその 5

億年後の 40 億年前になっているのですが、「10 の 40,000 乗分の 1」という確率から言って、**その 5 億年の間に地球上で生命が誕生するのは理論上無理がある**のです。

地球というかなり小さな時空間で、生命が誕生した確率を考えるのは時間が短過ぎて難しいのです。

えッ？　何？　「時間が短い」なんて、そんなモヤっとした説明で誤魔化してんじゃないよ！　ってか。納得できない？　5 億年なら十分時間がありそうに思える？

…いいでしょう。皆さんの理解をより深めていただくため、どこがどう短いのかについての根拠も巻末でご説明しましょう。小難しい数式を用いるため、こちらもここで説明すると脱落者が出る恐れが…

で、何はともあれ、地球上での生命誕生を考えるには時間が短過ぎる！　というワケで出てくるのが、生命は広大な宇宙、しかもいくつもあるかもしれない宇宙（一説では $10^{10^{100000000}}$ 個ある）のどこかで、たった 1 回生まれたという考えです。

宇宙がいっぱいあれば生命ができる機会もそれだけ増えます。何でもいいので 1 個できてしまえば、生命はそこからは拡散しながら複製を繰り返します。そして生き延びるのに適した環境を求め、宇宙空間を旅できるのです。

次の章からは、生命が宇宙空間のどこかで奇跡的に 1 回誕生し、

宇宙空間で増え続ける中で彗星によって地球に運ばれてきたという「宇宙起源説」の中の「彗星パンスペルミア説」について詳しく説明していきたいと思います。

第4章

「彗星パンスペルミア説」って何ですか?

怪しさ満点!? 「彗星パンスペルミア説」

ここからは彗星が生命を地球にもたらしたという「彗星パンスペルミア説」について、紐解いていきたいと思います。まずは本書の執筆にあたり、彗星パンスペルミア説の知名度を調査しようと思った自分。中学時代からの友人に、

「最近、彗星パンスペルミア説にハマってるんだぁ～知ってる?」

と聞いてみたところ、「**何それ?**」と言われ、若干変な顔をされました。ええ、ええ、想定内です。

「あ、宇宙の話でね、生命は地球で誕生したんじゃなくて、宇宙で誕生して彗星が運んで来たんだって」

と懇切丁寧に説明をしたところ、とても心配そうな顔をされました。

「アンタ頭大丈夫か?」

と口には出さないものの、そんな友人の心の声が聞こえてきました。ええ、ええ、でも、この反応も想定内。

「彗星パンスペルミア」という言葉を聞いたことがない方の反応の多くは、このようなものなのです。何を隠そう、最初は私自身もそうだったのです。

私がこの発音するのも難儀な「彗星パンスペルミア説」と出会った
のは、2017年4月吉日。あ、ハイ、ほんのつい最近です。世界
で本格的にパンスペルミア説が提唱されたのは1905年、スウェー
デンのノーベル賞科学者**スヴァンテ・アレニウス**によってですの
で、実に100年以上のタイムラグですね。

（話が煩雑になるので多くは語りませんが、最古のパンスペルミア
説は紀元前3世紀のギリシャの天文学者**アリスタルコス**が提唱し
ていました。それを考えると約2300年のタイムラグですね。）

きっかけは、会ったこともない大学の謎の先輩からの謹呈本でした。
彗星パンスペルミア研究の第一人者である、これまた発音が難儀
な**チャンドラ・ウィクラマシンゲ**博士の本「**彗星パンスペルミ
ア - 生命の源を宇宙に探す**」（詳細は巻末で紹介）をその先輩が
翻訳されたということで、日本語訳版が大学のOB会幹事である
私のもとに送られてきたのです。

ちなみに、彗星パンスペルミアとチャンドラ・ウィクラマシンゲは、
スラスラ言えるようになるまで、何度も何度も反復練習をした自分
です（何気に努力家）。

その本の帯には、こう書かれていました。

「生命は彗星に乗って地球に やってきた！」

…コ、コレは、、、**トンデモ本**か…。**都市伝説**的なアレですかね、、、まあ、嫌いじゃないけど。(てゆうか、好きでしょ)

若干、というかだいぶ怪しく見えた「彗星パンスペルミア - 生命の源を宇宙に探す」。

帯のキャッチに軽快感を出して、怪しさを払拭しようとしているのでしょうが、それがまた怪しさを増幅させてしまっている…うむ、明らかにそっち系の臭いがするっぺ〜などと、ドキドキしながら帯の最後に目をやると、目を疑う記述が。

「一橋大学 楠木建氏 推薦」

えッ、あの楠木先生が彗星を推薦!? （ダジャレか）

無理やり書かされた感否めない帯…

あ、この楠木建氏は一橋大学の知る人ぞ知る経営学の教授です。本も多数出されており、メディアでもご活躍されている方です。私も大学生の時にキャンパスで何度かお見かけしたことがあります。スキンヘッドが特徴的な教授です。

そうか、楠木先生はそっち系（スピ系）だったのか…

そんな複雑な心境で本を開き、読み始めてから数秒で驚きました。

…全然、意味がわからんな。（そっちかい）

ええ、ええ、天文学・生物学・物理学についての予備知識がほとんどないためか、書いてある内容を目で追う事はできるものの、**難しい用語がいっぱいで内容が全く頭に入って来ない…**

私の理解力がないこともさる事ながら、全体的に言葉が難し過ぎるのです。

うむ、初っ端から出てくる著者のチャンドラ・ウィクラマシンゲ氏の共同研究者というサー・フレッド・ホイルって誰だっけ。聞いたことはあるような…（後から凄い人物であることが発覚。無知って恐ろしいですね…）

ちなみに、帯の楠木先生の推薦文にはこう記してありました。

「宇宙や天文学と関わりがない普通の人にこそ本書をお薦めする」

いや。普通の人はコレ、普通に読めませんから。

私はとてもモヤモヤしました。この本にはこれまでの常識を覆して

世界を変えるような、少し難しい言葉を使えば、**パラダイムシフト*7を起こすようなかなり大事なことが書かれている**と直感的に感じたのですが、それがスムーズに伝わって来ないのはもったいない…

*7 時代の変遷につれて、その時代や集団・分野において当然のことと考えられていた認識や思想、社会全体の価値観などが革命的に劇的に変化すること。

本のタイトルでもある「彗星パンスペルミア」という学説を一部の人しか知らない＆（知らない人にとって）何やら怪しげな臭いを放っているのは、「普通の人」には理解しがたい難しそうな感じにされてしまっているからなんだろうな～。

ええ、ええ、そもそも「パンスペルミア」って言葉自体、とっつきにくい感じがしますし（全てを否定する一言）。

あ、どうもでもいい情報ですが、うちの母はですね、「パンスペルミア」を全く覚えられず（というか覚える気がない）、パン以降は早口でモニョモニョ言って誤魔化しています。正しく「パンスペルミア」と言ったのを聞いたことがありません。

というか、横文字が苦手な初老の母に限らず、私の周りの若い人々も皆、私が「パンスペルミア」って何度言っても覚えてくれない…これはちょっと問題ですよね。

ええ、ええ、**言葉が覚えられないのに、概念が理解できるわけがない**のです。

そこで、本章ではなるべく専門用語は平易な言葉に言い換える＆理解を助ける比喩的な表現を交えながら、彗星パンスペルミア説について解説していこうと思います。

そして、勝手にもっと世間一般に受け入れられやすい「彗星パンスペルミア」の新しいネーミングの提案なんかもしちゃいます。（そこまでするんかい）

今キテル研究分野「アストロバイオロジー」とは？

まずは、彗星パンスペルミア説が決して都市伝説的な、アレ的な怪しげな空言ではなく、**れっきとした学説**であることをご理解いただくため、**パンスペルミア説が生み出した注目の研究分野である「アストロバイオロジー」**について説明したいと思います。

アストロバイオロジー…なんか響きがかっこいいですよね。この言葉を耳にしたことがある人は、感度の高い方ですね。こちら元々は**NASAの造語**で、日本語では「**宇宙生物学**」と表されます。宇宙を意味する「アストロ」と生物学（生命学）を意味する「バイオロジー」とを掛け合わせた用語です。

NASAの定義によると「宇宙における生命の起源、進化、分布、および、未来を研究する学問」であり、天文学・分子生物学・微生物生態学・生化学・地球化学・物理学・地質学・惑星科学といった多種多様な分野から研究者が参入し、近年ますます人気が高まっ

ている研究分野です。

ちなみに、NASAだけでなく、**JAXA（宇宙航空研究開発機構）** のサイトにも、宇宙と生命に関するコンテンツが存在し、パンスペルミア説の説明もちゃんとあります。

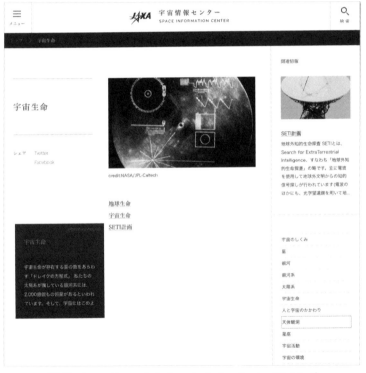

（参照　http://spaceinfo.jaxa.jp/ja/contents_life.html）

> **生命の材料はどこからきたか**
>
> （中略）宇宙から飛来する隕石にアミノ酸の原料となる有
>
> 機物が発見され、彗星中にも有機物が存在することから、
>
> 生命の素となるアミノ酸は宇宙から運ばれてきたという説
>
> があります。これを「パンスペルミア仮説」といいます。
>
> （JAXA サイトから引用　http://spaceinfo.jaxa.jp/ja/protocell.html）

ね、特にキワモノ扱いはされてないでしょう。

そして、次にこの「アストロバイオロジー」という新しい研究分野
を大きく進展させた、彗星パンスペルミア説の二大巨頭、サー・フ
レッド・ホイル博士とチャンドラ・ウィクラマシンゲ博士について紹
介をしたいと思います。

ええ、ええ、怪しげな人が唱えているのではない、**世界的に権威
のある学者さん達が言っている説なのだ！ という裏付け情
報**があると、説得力が増し増しになりますよね（こういう時は権威
ですね）。ちなみに日本のアストロバイオロジー研究の第一人者は、
東京大学名誉教授で日本の宇宙政策の TOP であり、本書の監修
者でもある松井孝典博士です。

たたずむ松井教授。無理やり監修お願いしてみました。アハ。

パンスペルミア説を唱えた天才学者たち①
「ビックバン」の名付け親.サー・フレッド・ホイル博士

まずは、サー・フレッド・ホイル博士について。

元素合成の理論の発展に大きな貢献をし、また**「定常宇宙論」の提唱者**として知られるイギリスの天文学者サー・フレッド・ホイル博士。

ケンブリッジ大学教授(ケンブリッジ大学天文学研究所所長)、SF小説作家でもあります。生命を構成する分子に含まれる炭素が、

サー・フレッド・ホイル
(Sir Fred Hoyle, 1915年6月24日 - 2001年8月20日)

恒星(太陽みたいな星ですね)に存在する水素からどのようにして形成されたかという「トリプルアルファ反応」の理論を確立したのもこの人。

そしてなんと、子供でも知っているであろう、宇宙の始まり「**ビックバン」の名付け親**！　面白いことには、本人は「定常宇宙説」という説を唱えているため、「ビックバン」については反対の立場であったのに、BBCのラジオ番組の中で、当時、理論物理学者**ジョージ・ガモフ**によって提唱されていた「火の玉理論」と呼ばれていた説について

「宇宙の始まりには、どでかい爆発(ビッグバン)があったそうだ」と若干揶揄した発言をし、それがそのまま定着して今に至るという。敵の理論の名付け親になるなんて…サー・フレッド・ホイル博

士、懐深過ぎです。というか、なんというネーミングセンスあふれる殿方なのでしょうか。

ちなみに後日、敵であるサー・フレッド・ホイル博士が付けた名前なんて使いたくない！　そもそも宇宙は真空だからバンなんて爆発音もないしぃ〜というビッグバン派の研究者たちが、ビックバンに代わる名前を募集する名付けコンクールを開催。14,000を超える応募があったそうなのですが、ビックバンを超える名前はなく…今に至ります。

そして、シレっと書いている「トリプルアルファ反応」と「定常宇宙論」。これって何ですか?という質問が飛んできそうなので、端折って説明をしますと、

トリプルアルファ反応

ヘリウム4の原子核（アルファ粒子）が3つ結合して、炭素12の原子核に変換される核融合反応の1つ（めっちゃ高温でヘリウムから炭素ができるということ）。

定常宇宙論

宇宙は膨張しているものの、宇宙が膨張して薄まった密度を補うように物質が供給され、宇宙全体としては永遠不変である（時間的に宇宙の構造が変わらない）。宇宙には始まりも終わりもない。

ということだそうです。うむ、よくわかりませんね。…詳細は各自専門書で調べてみてください。（適当過ぎませんかソレ）

ちなみに、めっちゃ高温と適当に書いていますが、約1億K以上だそうです（絶対温度1K＝マイナス273℃）。ええ、ええ、アツアツですね。

サー・フレッド・ホイル博士は、他にもたくさん科学の発展へ貢献をしているのですが、晩年に唱えたのが、

『宇宙内には生命が満ち、生命は彗星に捕まえられて、彗星に乗って地球にもたらされた』

という **彗星パンスペルミア説** です。

また、**チャールズ・ダーウィン**の自然淘汰による進化論に疑念を抱き、

『地球上での生命の進化は彗星によってウイルスが絶えず地球に流入し、生物の遺伝子を変異させることによって起こるのだ』

という「**ウイルス進化論**」も提唱しました。こちらの説も大変興味深いものなので、後半で説明させていただきますね。

パンスペルミア説を唱えた天才学者たち②
スラスラ言えたらかっこいい♥チャンドラ・ウィクラマシンゲ博士

次に、チャンドラ・ウィクラマシンゲ博士についてです。

チャンドラ・ウィクラマシンゲ
(Chandra Wickramasinghe, 1939年1月20日 -)

星間物質を専門とするスリランカ出身の天文学者・数学者。コロンボ大学数学部を卒業後、初の英連邦奨学生としてケンブリッジ大学に留学した超ジーニアスな殿方。

サー・フレッド・ホイル博士と出会い、『生命は宇宙から来た』(原題：Evolution from Space) を共著した彗星パンスペルミア説のスーパー論客です。星間物質と宇宙生物学の研究に従事し、天文学に重大なパラダイムシフトを引き起こしています。

というか何より、**名前が凄い**。(そこか)

「チャンドラ・ウィクラマシンゲ」って…何処かにも書きましたが、

スラスラ言えるようになるまで、何度も練習した自分です。しかも、この原稿の初稿提出の際、「チャンドラ・ウィクラマシンゲ」ではなく、うっかり「チャンドラ・ウィクラマンシゲ」としてしまっていたのですが、誰からも気付かれませんでした。（間違い探しか）

ちなみに、チャンドラ・ウィクラマシンジ、チャンドラ・ウィックラマシン等、Web でも多数表記ゆれが見られますが、チャンドラ博士の仲良しさんが直接本人に確認してくださったので、チャンドラ・ウィクラマシンゲで間違いないです（確認したんかい）。

この二人の博士は遡ること約 50 年前の 1970 年代から、**実証実験に基づいて彗星パンスペルミア説を唱えている**のですが、「**んなことあるわけねーっペッ！**」とライバルの研究者達からずーっと、これ以上ないという位の**塩対応**をされてきたんです。

「パンスペルミア」って、そもそもどういう意味ですか？

そんなこんなで、ここからいよいここからは、「彗星パンスペルミア説」について細かく解説していこうと思います。まずはパンスペルミアという言葉の意味から。

パンスペルミアは、

Pan（汎）
Spermia（胚珠）

という二つの単語で構成されています。パン（汎）は「広く行き渡ること」。世界的な伝染病のことを**パンデミック**と言いますが、その「パン」と一緒です。胚珠は、わかりやすく言うと「種」のことですね。

すなわち、「宇宙空間には生命の素(種、胚珠)が広く行き渡って存在している」ということを表しています。

で、私はこの「Spermia（スペルミア）」の部分、何か引っかかったんですよ。

種ならば、「seed(s)」とかの方がわかりやすいじゃないですか。スペルミアって何だよ！　そもそも名前が怪しいんだよな、、、と思い…

そしてちょっと調べてみたところ、なんと、「**Spermia**」**とは、胚珠というか「精子」の意味**だったのです。

そうか、パンスペルミアって精子が広く行き渡ってるってことか…

えーー、何か微妙だな、、、いや、しかし、精子は生命の源、正しいのか。。。となると地球は卵子？　そう思うと、二つ（地球と彗星、卵子と精子）は何となく似ているカモ鴨長明…

なんて、独りで複雑な心境におちいってしまいました。

実のところ「そこらじゅうに精子」を意味している「パンスペルミア」。微妙な感じがしないでもないこの「パンスペルミア」の概念が日本で広まるためには、思い切って名称変更が必要かもしれない…

というわけで、私は勝手に新しい名前を考えてみました。（自由だね）

ええ、ええ、種は「seed（シード）」。そこで、

「彗星パンシード説」

という名前はどうでしょうか？ それかですね、種じゃなくて、生命（life）が溢れているということでもいいと思うので、

「彗星パンライフ説」

という名前はどうでしょうか？　あ、パンライフって、米を否定しているみたいですが（自分は米好き）。

あとは和製な感じを醸して、「彗星タネ屋説」や「彗星種苗説」とか。

ちなみに、用意周到に商標を調べてみたところ、panseed も panlife も日本ではまだ未登録のようでした。これらの方が「彗星パンスペルミア説」よりも受け入れられやすい気がするのですが、どうですかね。

…ええ、ええ、凡人の私がいくら提案したところで、そう簡単に名前が変わらないことは重々承知。独り芝居はこれくらいにして本題に入りますね。

あらためて彗星パンスペルミア説とは、『この宇宙に広く行き渡っている生命の種子が、彗星に乗って（守られて）、地球に来た』とい

う説です。

で、これを聞いた多くの人は、「んなアホな、、、」と思うことでしょう。

反論は「オッカムの剃刀（カミソリ）」と「フェルミのパラドックス」で…

そして、この「んなアホな、、、パンスペルミア説なんてありえねーっぺ、トンデモねー説だっぺよ～」という反論の際によく用いられるのが、「**オッカムの剃刀**」と「**フェルミのパラドックス**」というものです。こちら日常生活でも何かに反論したい時などに使えるかもしれないので、ついでに説明しておきましょう。（至れり尽くせりですね）

「オッカムの剃刀」とは…

ある事柄を説明するために、必要以上に仮説を立てるべきでないとする考え。14世紀の哲学者で神学者のオッカムが多用したことで有名になった理論。別名、ケチの原理とも。

地球の生命の起源についてオッカムの剃刀を当てはめると、

① 地球上で自然発生した。

② 地球外から来た。

③ 神が作った。

④ 始まりも終わりもない。

以上の中で一番「それっぽい」のは①だから、ほかの３つの考え
は削ぎ（削ぐから剃刀）、①について考えようぜー、みたいな感じ
です。上司から振られた仕事を広げたくない…そんな時の言い訳
に応用できそうですね。

「フェルミのパラドックス」とは…

物理学者エンリコ・フェルミによって指摘された、**地球外生命によ
る文明の存在の可能性の高さと、そのような文明との接触の
証拠が、いまだに皆無である事実の間にある矛盾のこと。**
我々人間のような（もしくはそれ以上の）**知的生命が宇宙に多数
存在しているなら、とっくの昔に出会っていてもいいはずな
のに、いまだに会ってないのはおかしくねー?** 的な感じです。

こちらについては、知的生命の文明はせいぜい100年〜数百年で
自己崩壊すると推測されるため（人間もそろそろ!?）、銀河系にあ
るくらいの星の数では、交信する前に相手が滅びていなくなってし
まっているからだろうと考えられています。
ちなみに、宇宙人と人類の接触の可能性については、ドレイクの
方程式という考え方も提唱されています。ここでは長くなるので触

れません故、各自 Wikipedia などでお調べください (適当ですね)。

パンスペルミア説の歴史まとめ

このように反論も多いパンスペルミア説ですが、実はたくさんの著名な科学者たちによって、「**パンスペルミア、アリなんじゃないか…**」ということで、いろいろな説が提唱されてきました。これまでのパンスペルミア説を一覧にまとめてみますね。

● [いろんなパンスペルミア説]

紀元前 5 世紀	ギリシャのアナクサゴラス	「万物の根源は無限に小さいがすべてのものを含んでいるものとしてスペルマタ (種) を考え、万物はスペルマタの集合体である」と説いた。
紀元前 3 世紀	ギリシャのアリスタルコス	「パンスペルミア:あらゆるところに存在する種子」という考えを提唱し、自然発生説を否定した。
1787 年	イタリアの博物学者アッペ・ラザロ・スパランツァーニ	「他の天体から何らかの原因で飛び出した微生物や生命の基礎となるものが、長い時間をかけて地球に到達し、そこから地球の生命が生まれた」と説いた。
1871 年	イギリスの物理学者ケルビン卿 (ウィリアム・トムソン)	我々以外にも生命の世界が存在すると信じるとしたら、生命の種を胚胎した隕石が宇宙を飛び交っているということは十分に考えられる。それが地球の生命の起源であるという仮説は非科学的ではない。

1870 年代	ドイツの物理学者ヘルマン・フォン・ヘルムホルツ	トムソンを弁護。「大きな隕石の奥深くなら大気圏突入時の加熱が及ばないし、隕石表面の微生物は大気との摩擦で吹き飛ばされてゆっくり落ちるため地面との衝突ショックも少ない。」と説いた。
1905 年	スウェーデンのノーベル賞科学者スヴァンテ・アレニウス	「パンスペルミア」の命名者。星の光の輻射圧によって生命素である胞子は運ばれる「光パンスペルミア説」を提唱。「生命を伝える種子は宇宙を漂流している。それらは惑星に遭遇し生命が生存する環境が成立するやいなや惑星の表面は生命で満たされる。」と説いた。
1960 年代以降	イギリスのサー・フレッド・ホイル、チャンドラ・ウィクラマシンゲ	生命が彗星によって地球に運ばれてきた「彗星パンスペルミア説」を提唱し、パンスペルミア説を飛躍的に発展させる。また、彗星パンスペルミア説のみならず、伝染病をもたらす病原菌やウイルスも宇宙塵に含まれ地球に降り立ち蔓延するという「病原パンスペルミア説」も提唱。さらには、生物の進化も自然淘汰ではなく宇宙から飛来するウイルスによって進化が促される説も提唱。
1973 年	イギリスの科学者でノーベル生理学・医学賞受賞のフランシス・クリック	「意図的パンスペルミア説」を提唱。地球誕生以前に誕生していた別の惑星の知的生命によって、生命がロケットなどに入れられ「種まき」が意図的に行われたというもの。これは空言ではなく生物学的に根拠を基に計算されている。ちなみに DNA の二重螺旋構造の発見者である。
2010 年	カナダの天文学者ポール・S・ウェッソン	「ネクロ・パンスペルミア説 (necropanspermia ＝死のパンスペルミア説)」を提唱。「微生物が地球に到達した時には死んでいたとしても、その断片に残った情報が、地球で生命をもたらしたかもしれない」と述べた。
2013 年	日本のアストロバイオロジスト松井孝典	インド・ケラーラ州（2001 年）とスリランカ・ウヴァ州（2012 ～ 2013 年）に降った赤い雨を研究。著書「スリランカの赤い雨」にて、「生命は宇宙から飛来するか」を検証（詳しくは第 5 章で）。
2014 年	イギリスの物理学者ポール・デイビーズ	著書「生命の起源―地球と宇宙をめぐる最大の謎に迫る」にてパンスペルミア説を支持。

また、表にはありませんが、「あまり物質変化の余裕がなかった であろう 38-40 億年前に、既に生命が誕生していたという不可 思議な部分をパンスペルミア説ならうまく説明できてしまうな …」と、パンスペルミア説に賛同する生物学者も多数存在してい ます。

いっちゃってる…（⁉）「意図的パンスペルミア説」

一覧表にある**フランシス・クリック博士**の

「我々人間よりも遥か前に誕生している知的生命によって、意図 的に生命がばら撒かれている」

という意図的パンスペルミア説を最初に聞いた時、正直言ってで すね、

「**完全に**（向こうの世界に）**いっちゃってる…**」

と思った自分です。が、今の時点では、この意図的パンスペルミ ア説も全然アリだな…という気持ちになっています。えッ？ 執 筆中にとうとうお前もいってしまったのかって？ 思考が柔軟に なったって言って。

私が何気に意図的パンスペルミア説もアリなんじゃないか…とい う理由は次の通りです。

知的なムードが漂うフランシス・クリック博士
（1916年6月8日 - 2004年7月28日）

1. 現在、我々人間も意図的パンスペルミア的なことが出来てしまう文明レベルにある。

我々は遺伝子組み換え技術によって、まったく新しい生物を作ることができます。

例えば、動物でありながら光合成ができるウミウシのように、人間に葉緑体を組み込んで、日光浴でエネルギーを作るようなこともできちゃいそうです。それができたら毎日タダメシができますが、栄養が日光だけで生きるためには、日光をたくさん取り込めるように人間の体はもっとペラペラと薄い形状になる必要があり、ええ、ええ、それはちょっと微妙ですね。

2. この広大な宇宙の中に、我々よりも先に誕生し、先にさ

らにレベルの高い文明を発展させている知的生命がいるかも
しれないことは否定できず、それらが意図的パンスペルミア
を企てないということも否定できない。

宇宙はめちゃくちゃに広く、地球のように生命が存在する可能
性がある星も数え切れないほど存在することがわかっています。
我々が今いる地球に限らず、知的レベルがずば抜けて高い生命な
んて（しかも、もしかしたら人間よりも）この宇宙内にいくらで
もいそうではないですか。

また、もし自分が「意図的パンスペルミア」を企画し、生命を宇
宙中に繁栄させよ！　と言われたら、どうしますか？

最もいい方法は、**一度作られた生命が永久にコピーを繰り返
す仕様**にしてしまうことですよね。生命はゼロから作るのが難
儀なので、**コピーマシーン**にしてしまえば楽です。

ええ、ええ、これを言ってしまうと、我々人間も含めて、意図的
パンスペルミアの企画者（？）が作り出した全ての生命の生きる
目的は、「コピー」ということになってしまい、身も蓋もないの
ですが…アハ。

3．というか何より、既に我々人間も「意図的ではない意図的パンスペルミア」を行なってしまっている。

「意図的ではない意図的パンスペルミア」って、何ですか？　とい

う方に説明しますと、我々って月とか火星に地球からブツを送り込んでいるじゃないですか、ロケット、探査機…

で、このブツたちは一応消毒をされているらしいのですが、殺菌しきれずに地球を出発し、宇宙空間で生き延びていた細菌も見つかっております。

つまり、我々人間は知らず知らずのうちに、宇宙空間に地球の生命をばら撒いてしまっているのです。これは「意図的ではない意図的パンスペルミア」ではないでしょうか。（まどろっこしいね）

ちなみにこういう科学実験における汚染を専門用語で「**コンタミ**」する＊8と言うそうです。

＊8 コンタミ＝コンタミネーション（contamination）、汚染の略。

ちなみに、土星を探査していた探査機**カッシーニ**は、最後のミッションとしてコンタミが起こらないように土星にダイブして自害。ええ、ええ、きれいに燃え尽きました。まるで潔い武士のようでした、カッシーニ。

うむ、このコンタミという用語は日常生活で何かと使えそうですね。嫌いな人が自分の椅子に座った時とかに、

「ああ、私の椅子が課長にコンタミされた (泣)」

みたいな。誰か流行らせてください。

本当の自分の姿がわかる「パンスペルミア占い」

さらにここで突然ですが、箸休めの「パンスペルミア占い」をしたいと思います。あ、ハイ、何を隠そう私の本業は占い師(そうだったんかい!)。占い師の本領発揮で…

宇宙空間には生命の種子が広く行き渡っており、それらが彗星に乗って地球に降り立ち、そこから生命が地球上で繁殖したという

説を聞き、どう感じたか、一番近いものを次の選択肢の中から選んでみてください。あなたの性格や日々の状況が丸わかりですよ。

A.「んなアホな、、、」という感覚を持った

B.「そうよね、宇宙空間には生き物の素がいっぱいると思う」とパンスペルミア説にガッテンした

C.たくさんの微生物のようなものが宇宙空間をスイスイ泳いでいる様子まで想像してしまった

D.「ふぅ～ん、あっそ」などと読み流した

ではここから占い結果です。

A.「んなアホな、、、」という感覚を持った方

アナタは、**常識的で至極真っ当な方**です。知識も判断力も普通にある一般的な人です。良くも悪くも安心・安全を求めるごくごく**平凡な感覚の方**です。特に言うことはありません。（ないんかい）

B.「そうよね、宇宙空間には生き物の素がいっぱいると思う」とパンスペルミア説にガッテンした方

アナタは、いい意味で常識の範疇から外れることのできる**直観力に優れた方**です。先進的で常識や通例を疑い、新しいものを取り入れていこうとすることから、組織内などではちょっと**面倒な人扱い**される場面もあり、息苦しさを感じることもあるかもしれません。

C．たくさんの微生物のようなものが宇宙空間をスイスイ泳いでいる様子まで想像してしまった方

アナタは、変態か、妄想癖があるか、生まれ切ってのクリエイター的な才能の持ち主でしょう。もしかしたらここから猛勉強して、将来アストロバイオロジーの次世代を担う存在になってしまう、そんな力を秘めているように見えます。ちなみに周辺には**物凄い人気者か、ウザがられているか**のどちらかですね。

D．「ふぅ～ん、あっそ」などと読み流した方

アナタは、日々の生活に疲れていて、**物事について深く考えることから逃げたい状態**なのかもしれません。**少しお休みが必要**ですね (余計なお世話)。また、無関心さから周囲の人に**おもしろ味のない人**と思われている可能性もあります。もう少し色々なことに関心を持っていけたらいいですね (うるさいよ)。

皆さん、いかがでしたか。当たっていましたか？　ぜひぜひ身近な方にも試してみてくださいね。

占い結果はどうあれ、「宇宙空間には生命の種子が広く行き渡っており、それらが彗星に乗って地球に降り立ち、そこから生命が地球上で繁殖した」と聞いて多くの人が思うのは、

「そもそも宇宙空間で生物が生きられるわけがない。そこから論理的に説明してみろ。」

ということではないでしょうか。

次の章からはその辺について、じゃんじゃん論理的に説明していこうと思います。ええ、ええ、小さい子供の前や赤ちょうちんの居酒屋などで、ドヤ顔しながら周囲にひけらかせるネタがてんこ盛りですよ。

第5章

「彗星パンスペルミア説」の謎①
～パンスペルミア状態は可能か?～

過酷な宇宙空間で生命は生き延びられるのか

宇宙空間に生命の種子が広く行き渡っていると聞くと、多くの方々は

「過酷な宇宙空間で生命が生きられるわけがない!　宇宙空間に生命がいるなんてありえない〜ッ」

そして、少し宇宙の知識をかじっている方であれば、

「地球に降り立ち、、、って、大気圏で燃えて消えちゃうんじゃないの?」とか「大気圏で燃え尽きなくても、地上に激突して粉々になって死んでしまうのでは?」

と考えることでしょう。ええ、ええ、我々人間のような生物がポイと宇宙に放り出されたら、そりゃ早々に命を落としてしまいますね。

宇宙空間は無重量の真空状態。宇宙空間には酸素がなく、宇宙線という強力な放射線や強力な紫外線が飛び交っており、何てったって温度はマイナス270℃と、とっても冷え冷えです。

頭脳と体力が並外れている強靭な宇宙飛行士といえども、宇宙服と生命維持装置なしには宇宙空間(宇宙船の外)では生きていけません。

しかし、なんと！　長年の研究によって、**宇宙空間のような過酷な環境でも生き延びられる生命が存在する**ということが明らかになっているのです。ええ、ええ、SF の世界というかそっち系の話だった「**地球外生命**」の存在の謎が解明されつつあるのですよ。

えッ? 作り話するなって? 本当です。私が適当に言っているわけではありません。それを証明するために、2000 年以降に公的機関が発表した「すわッ!　宇宙に生命が!」という証拠になる発見について、惜しみなく紹介していきましょう。

「宇宙に生命がいる」証拠の相次ぐ発見

まずは、2000 年の NASA の発表から。これによると、カナダ北西部の湖に落下した**隕石から太陽系の誕生期に生成された**と思われる有機物が見つかったそうです。

さらに、2011 年。これまた NASA などの研究チームが南極で採集した隕石を含む 12 個の隕石を分析した結果、DNA を構成する塩基である、アデニンとグアニンの二つとその他にも有機物が発見され、研究者はこれらが**宇宙空間で合成されて地球へ落ちてきた**と結論付けているそうです。

DNA って野球団?　アデニンとグアニンって新人外国人選手? と思ったそこのアナタ! そんなアナタのために、ええ、ええ、もっと

73

理解を深めていただけるよう、ここで DNA の解説をしたいと思います。（ちなみに野球団のつづりは DeNA）

そもそも DNA って何やねん

DNA…誰もが聞いた事はあるけれど、説明してみーと言われるとちょっとソレ何だっけ？　という言葉だと思います。DNA の日本名は、デオキシリボ核酸。英語では deoxyribonucleic acid と書きます。ちなみに核酸は、**すべての生物の細胞内に存在し、タンパク質の合成および遺伝現象に関与している重要な物質**です。また、核酸にはこの **DNA** と **RNA**（**リボ核酸**）の 2 種類が存在しており、DNA も RNA も生物の細胞の核の中にあります。**DNA は生物の遺伝情報を保持している「設計図」、RNA はその設計図からコピーを作る「作業人」**のような存在です。

地球上には、発見されているだけで 170 万を超える種類（一説によると 3,000 万種類）の生物が存在していますが、全ての生物がそれぞれ固有の DNA の情報を元に増殖しています。

DNA は、塩基と呼ばれるの 4 つの物質（アデニン（A）、グアニン（G）、シトシン（C）、チミン（T））が組み合わさってできており、形は二重らせん状です。

手すりのあるらせん階段を思い浮かべてください。あんな形です。何故、二重らせんという構造なのか、、、はわかっておらず、神のみ

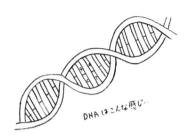

ぞ知る世界です（スピってますね）。

4つの物質（塩基）は覚える必要はないと思いますが、覚えておくとどこかで役に立つ（○○さんかっこいい？的な賞賛を浴びられるとか）かもしれないので、博識風にしたい方はぜひ唱えて覚えてください。

ちなみに知人から聞いた塩基の覚え方は、**G-CAT** です。

他にもアリアリ。太陽系惑星や宇宙空間に生命がいそうな証拠

宇宙内に生命がいるという証拠話に戻りましょう。2006年にはこれまたNASAが打ち上げた彗星探査機「スターダスト」が、ヴィルト第2彗星の放出した彗星ダスト（塵ですね）からアミノ酸のグリシンを発見しています。

そして、2014年には国立天文台の研究チームも、アミノ酸のグリシンの一歩手前の化合物であるメチルアミンを複数の星間分子雲で発見しています。

これらの発見のどこが重要かわかりますでしょうか。生物は、水、タンパク質、核酸、脂質、糖質、カルシウム、リンなどによってできています。この中のタンパク質は、アミノ酸がたくさん結び付いてできたものです。

すなわち、**アミノ酸やアミノ酸の一歩手前の物質**（ペプチドなど）**→タンパク質→生物**（生命）、という流れができ、「**宇宙空間にも生命がいることの証拠**」につながるのです。

これまでに発見された地球外生命の存在の証拠になりそうなものを、次にまとめてみましたのでご参考までに…

注目は「**チュリュモフ・ゲラシメンコ彗星**」です。チャンドラ・ウィクラマシンゲくらい言いづらいですが、スラスラ言えたらちょっとかっこいいですね (≧▽≦)

ちなみにこのチュリュモフ・ゲラシメンコ彗星は分析の結果、**腐っ**

チュリュモフ・ゲラシメンコ彗星。アヒルちゃんのようです。

た卵や尿のような臭いを放っていることがわかっています。クサいのは嫌ですが、何だか**生き物の存在を匂わせます**よね。ついでですので、宇宙に生命がいそうな発見を太陽系惑星と彗星・隕石などでまとめてみました。

● [宇宙に生命がいそうな発見① - 惑星編 -]

火星	2004年	ESA（欧州宇宙機関）	火星探査機「マーズ・エクスプレス」が、火星南極の極冠がドライアイスだけでなく水の氷も含んでいることを確認。さらに火星の希薄な大気中にメタンが予想以上の濃度で存在していることも発見した。
土星の衛星「エンケラドス」	2015年	米コロラド大学・東京大・JAMSTECらの研究チーム	土星探査機カッシーニによって土星の衛星「エンケラドス」の内部海の存在が確認され、地球外生命が存在している可能性があると発表。内部海から立ち上るとされる水蒸気も確認され、この星が生命の存在に適した環境であることが示唆された。
土星の衛星「エンケラドス」	2017年	アメリカのジョン・ホプキンス大学などの研究チーム	土星の衛星「エンケラドス」の氷に覆われた海から噴出した水蒸気から、水素分子を検出したと発表し、地球外生命が誕生する条件が揃っているという見解を示した。
木星の衛生「エウロパ」	2017年	NASA（米国航空宇宙局）	木星の衛生「エウロパ」では、地表の最も温暖な場所から水が噴き出す様子がハッブル宇宙望遠鏡で観測された。
土星の衛星「タイタン」	2017年	NASA	土星探査機のカッシーニが収集したデータから、土星の衛星「タイタン」の大気の大部分を構成しているシアン化水素が、地上に存在する他の分子と結合し、ポリイミンなどの重合体を形成可能であることが判明。これは生命が存在可能な環境が揃っていることを示唆している。
土星の衛星「タイタン」	2017年	NASA	チリのアルマ望遠鏡で土星の衛星「タイタン」を観測したデータを分析した結果、細胞膜のような球体を形成できる複雑な有機分子のアクリロニトリルが検出された。

● ［宇宙に生命がいそうな発見② – 彗星・隕石ほか編 -］

1950年代	イギリスのフレッド・ホイル	宇宙空間における炭素の生成「トリプルアルファ反応」の提唱。フレッド・ホイルの提唱通り、1950年代の終わりまでに元素表にある全ての元素が揃う。
1960年代	アメリカの科学者グレゴリーとモンティ	気球実験により成層圏（地上から40km）で生きた細胞（標準的な培養が可能）を回収。高度が上がるにつれて生物細胞の密度が増加することも発見した（地上から舞い上がっているのではなく、宇宙から生物が入ってきている証拠）。
1961年	G.クラウスとB.ネイギー	炭素質コンドライト隕石からの最初の微生物化石の発見。オルゲイユ隕石（1864年）とイブナ隕石（1938年）から、電気顕微鏡によって細胞壁や鞭毛や各組織によく似た構造（生痕化石と言われる）が観察された。
1960年代	イギリスのフレッド・ホイル、チャンドラ・ウィクラマシンゲ	宇宙空間に炭素化合物が存在するという「黒鉛粒子理論」を提唱。それまでは宇宙空間は真空空間に無機物がある状態という「氷微粒子理論」が一般的であった。
1970年代	フレッド・ホイル、チャンドラ・ウィクラマシンゲ	宇宙空間には有機化合物が豊富に存在することが明らかに。様々な隕石の分析結果から、フレッド・ホイル、チャンドラ・ウィクラマシンゲの主張通り宇宙空間には有機化合物が豊富に存在することが証明され始める。
1970年代	ソ連	約30の細胞培養物を高度50〜75kmで採取したサンプルから得た。
1980年	イギリスのフレッド・ホイル、チャンドラ・ウィクラマシンゲ	地球に届く光の分析（分光法）によって、星間雲を構成している星間塵微粒子が凍結乾燥された細菌であるとする「生物モデル」を提唱。その5年後の1986年のハレー彗星の観測でそれを裏付ける結果を得る。このことから宇宙空間に生命がいることが濃厚となる。
1982年	NASA	1969年、オーストラリアに落下したマーチソン隕石（炭素質コンドライト隕石である）の中から、水と10種類以上のアミノ酸が検出された。このアミノ酸のいくつかは、鏡像体過剰が見られることから宇宙由来と考えられる。
1996年	NASA	ALH84001（火星起源の隕石。南極大陸のアラン・ヒルズで1984年12月27日に採取。）の内部に、炭素塩小球体と複雑な有機物を発見した。
2000年	NASA	カナダ北西部の湖に落下した隕石から太陽系の誕生期に生成されたと思われる有機物を発見した。

2001年	NASA	ALH84001（火星起源の隕石）の内部から原始的な生命によって形成されたとみられる磁鉄鉱の結晶を発見した。
2001年	NASA	1969年、オーストラリアに落下したマーチソン隕石から抽出した物質に極めて多様な地球外有機物（糖やアルコール化合物など）を発見した。微生物の化石？
2006年	NASA	彗星探査機「スターダスト」が、ヴィルト第2彗星の放出した彗星ダストからアミノ酸のグリシンを発見した。
2006年	ガンジー大学のゴドフリー・ルイとサントシ・クマール	2001年インドのケラーラ州に「赤い雨」が降った。雨は彗星（地球外）からの細胞状物質（4〜10ミクロンの球あるいは楕円をした球の形で厚い外皮を持つ）であるとする仮説を発表。まだ物質内にDNAの存在は確認されていない。
2007年	ESA	乾眠状態のクマムシを人工衛星に載せ、宇宙空間に10日間さらしても死なないことを確認。宇宙空間で動物が生存できた初ケース。
2010年	国立天文台などの国際研究チーム	地球上の生命の素材となるアミノ酸が宇宙から飛来したとする説を裏付ける有力な証拠を発見した。
2010年	英国オープン大学	地球の極限環境にあった岩を宇宙空間に553日間、放置したところ、地球に帰還後、その岩にシアノバクテリアの一種であるグロエオカプサが生きた状態で発見された。
2010年	インドバンガロール大学環境科学局	バクテリア、大腸菌を含む多種の微生物が、雨に含まれて空から降っていることを発見した。
2011年	NASAほか	南極で採集した隕石を含む12個の隕石を分析した結果、DNAを構成する塩基である、アデニンとグアニンの二つと、その他にも有機物が発見された。
2012年	スリランカのチャンドラ・ウィクラマシンゲ	スリランカのポロンナルワにインドのケラーラに降ったものと同様の赤い雨が降った。雨に含まれる細胞壁から宇宙由来と思われるウランを発見した。
2013年	英国シェフィールド大学	上空25kmの成層圏で、珪藻（ケイソウ）という単細胞生物などを回収した。
2014年	国立天文台	アミノ酸のグリシンの一歩手前の化合物であるメチルアミンを複数の星間分子雲で発見した。
2014年	ESA	彗星探査機ロゼッタの着陸機フィラエが「地球上の生命の素になる炭素元素を含む有機分子、および大量の酸素」をチュリュモフ・ゲラシメンコ彗星から検出した。

水玉模様がオシャンティな表紙の本ですね。

表の中に「赤い雨」が出てきます。こちら以前 NHK などでも特集が組まれ、話題になったことがあるのですが、皆さんご存知でしょうか。この時の写真を見せてもらったのですが、本当に！　正真正銘真っ赤でした。怖い…東京に赤い雨なんて降って来たら、大パニックになるでしょうね…「インスタ映え」間違いなしではありますが。

ちなみに、巻末でもご紹介させていただきますが、この本の監修者でもあるアストロバイオロジー研究の第一人者、松井孝典教授がこの赤い雨の研究をされておりまして、本も出されています。ええ、ええ、必見です！（突然の宣伝）

また、色々調べていると稀有な情報を見つけてしまうものですね。

(http://www.studioswine.com/meteorite-shoes/)

なんと、チュリュモフ・ゲラシメンコ彗星をモチーフしたオシャンティなハイヒールが作られているという情報をゲットしました。コレいい！　デザインを手がけたのは英国の Studio Swine。

これを思いついた人は、確実に中二病ですね。このハイヒールはアルミニウム製だそうなのですが、そう言われるとおにぎりを包んでいたアルミホイルを丸めたものに似ていますね（デザイナーに怒られるよ）。
この本が売れたらぁ〜印税で買おうと思います。ええ、ええ、売れなかったら、アルミホイルで作ります。

地球上のありえない環境で生きる「極限環境微生物」

ところで、宇宙空間の環境も大変過酷でありますが、この地球上にも過酷な環境は存在します。そして、そのような極限状態の環境に暮らす微生物がいくつも発見されており、それらを「極限環境微生物」と言います。

地球上とはいえ、人間だったら速攻あの世に行ってしまうような過酷な状況でも生き延びることができる微生物がいるということは、宇宙空間のような過酷な場所であっても生き延びることができる生物がいるということにつながります。

というわけで、ここではちょっと寄り道をして地球上のありえないほど過酷な環境で生きる「**極限環境微生物**」についてご紹介しようと思います。

極限環境って、どれくらい極限なんですか?

最初に極限環境について説明しておきましょう。**極限環境とは、温度・圧力・磁力・pH・放射線量などが、一般的な生物が生息できる条件から大きく逸脱した環境のこと**を言います。極限環境がどれくらい極限なのか、決まった定義はないようなのですが、一般的には次のような環境を言います。

● [極限環境の例]

項目	条件	微生物名
高温	122°C	好熱菌 - Methanopyrus kandleri
高 pH	pH12.5	好アルカリ菌 - Alkaliphilus transvaalensis
低 pH	pH-0.06	好酸菌 - Picrophilus oshimae
高 NaCl 濃度	20% 以上	好塩菌 - Halobacterium salinarum
有機溶媒	－	溶媒耐性菌
高圧力	1100 気圧	好圧菌 - Moritella yayanosii
放射線	最大 30000Gy のガンマ線照射	放射線耐性菌 - テルモコックス・ガンマトレランス

深海などは、モロ極限環境です。深海の地熱で熱せられた数百℃という熱水が噴出する割れ目のことを**熱水噴出孔**（ねっすいふんしゅつこう）と言いますが、高温というだけでなく、成分にも重金属や硫化水素といった物質を豊富に含んでいるにもかかわらず、周辺には**チューブワーム**や**イエティクラブ**（雪男ガニ）など、多数の生物の生息が確認されています。

このような極限環境で生きる深海生物の存在は、宇宙空間のような過酷な環境でも生きられる生物がいても全然おかしくないということに通じます。

密生したチューブワームたち。
こういう照明ありそう。

熱噴水出孔近くで生息するイエティクラブ。
フワッフワですね。

(PHOTOGRAPH BY NERC (NATIONAL ENVIRONMENT RESEARCH COUNCIL))

というか、実は遥か昔、アポロ12号の無人探査機サーベイヤー3号が2年もの間、月面で放射線と真空にさらされていたにもかかわらず、表面に付着していた**連鎖球菌**(地球からの出発時に地球で付着したと思われるもの)が生き残っていたのが発見されたことがあります。宇宙空間って案外…生きられるのかもしれません(私は無理ですが)。

世界最強の生物、不思議ちゃん「クマムシ」くん

極限で生きる生物の話をしたら、外せないのが**クマムシ**くんでしょう。あ、クマと付きますが熊の種類ではなく、ムシと付きますが虫

の種類でもありません。クマムシくんは 8 本脚の無脊椎動物（背骨がない動物）で、「**緩歩（かんぽ）動物**」という種類に属します。キモかわいいとはまさにこのこと…ちょっと化け物みたいですが。

キモかわいいとはまさにこのこと…
ちょっと化け物みたいですが。その口はなんだ。

普通、生物というのは水がないと生きていけないとされています。ところがどっこい、このクマムシくんは、カラッカラに乾燥した状況下でも「普通に」生き延びることができます。
しかも、高温や超高圧の極限環境も OK 牧場！
ちなみに、身近な場所では道端のコケの中に潜んでいるらしいので、がんばればその辺でも捕まえることができます。サイズは 0.2 〜 1mm 弱程度と微小動物ながら、既に **" 史上最強 " の生物**と呼ばれ、これまでの生物にはなかった特異性をいかんなく発揮して

くれています。この特異性がひょっとしたら地球外生命の手掛かりになるかもしれないと、研究チームによる解明が行われています。

クマムシくんは水分がなくなると、体がたるのような形に収縮して**「乾眠」と呼ばれる仮死状態**に入ります。そしてなんと！　水を与えると何事もなかったかのように蘇生して歩き出すという。ちなみに乾眠の間は、代謝もしておらず、まるで死んでいるようだそうです。代謝をしないということは、呼吸もしない、ご飯も食べない、うんこもしないということです。意味がわからないですよね。

専門家によると、乾眠状態は生きているのでも、死んでいるのでもない「**潜在生命**」と呼ばれる第3の姿だそうで、これまでの研究での**乾眠の最長期間は9年、凍結保存の場合で20年後に復活した**記録もあるそうです。

乾眠状態のクマムシくんがどれほどの極限環境に耐えられるのかというと、温度はマイナス273℃〜151℃。そして気圧はなんと75,000気圧＊9まで大丈夫〜！　とのことです。クマムシくん、あなたヤバいですね。

＊9 我々人間が耐えられるのは数気圧。

さらに！　乾眠状態のクマムシくんを直接宇宙に空間にさらす実験も行われており、宇宙線だけを浴びたクマムシくん達は、地球に戻ると普通に復活して、宇宙線を浴びていないクマムシくんと同じように繁殖したそうです（太陽光線を浴びたクマムシくんは一部を

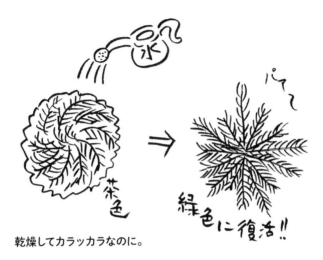

乾燥してカラッカラなのに。

アラ不思議。水をあげると復活して緑に！

除いて蘇らず…)。
そう言えば…幼少時、「**復活草**」という、水をあげると復活するカラカラの丸められた植物にハマり、自分の勉強部屋で粛々と育てていたことがありました。

途中で面倒臭くなり、確か水をやらないでしばらく放置したら、乾燥してまた丸まったような記憶があるのですが、定かではありません。Webでも普通に購入できるようなので、ご興味のある方どなたか試してみてください（人任せ）。

さらに、史上最強生物クマムシくんでもご臨終になってしまうような放射線下でも、死なない細菌が存在するとのことなので、そちらも紹介しておきましょう（この時点でクマムシは最強じゃなくねーか？　という声が遠くから聞こえてくる…）。

その名は、「**デイノコックス・ラジオデュランス**」。日本語に訳すると「放射線に耐える恐るべき球菌」です。なんと、**人間の致死量に当たる 500 倍の放射線を浴びせても、全然平気**。2,000倍でも生き残るという…また、乾燥させるとさらに強度が上がる優れものです（？）

ええ、ええ、こういったことを知ると放射線が半端ねぇ宇宙空間にも、何か生き物がウヨウヨいるんじゃないか、、、と思えちゃいますね。…ってゆうか、きっといますね。

第6章

「彗星パンスペルミア説」の謎②
〜なぜ彗星なのか〜

さて、極限環境微生物の説明を終え、この章ではいよいよ「**彗星**」についてもっとよく知ってもらおうと思います。

ええ、ええ、話がだいぶあっちゃこっちゃ飛んでしまっているように思えるかもしれませんが、泣く子も黙る伝説の経営者、iPhoneの産みの親でもある**スティーブ・ジョブズ氏**も次のように言っています。

（大学中退後、将来何の役に立つかよくわからないものであっても、興味を持ったことをたくさん真剣に学んだエピソードを披露した後で）

「当時は先々のために点と点をつなげる意識などありませんでした。しかし、今振り返ると、将来役立つことをしっかり学んでいたわけです。

繰り返しですが、将来をあらかじめ見据えて、点と点をつなぎ合わせることなどできません。できるのは、後からつなぎ合わせることだけです。だから、我々は今していることがいずれ人生のどこかでつながって実を結ぶだろうと信じるしかない。」

有名な「**点と線**」の話ですね。点の状態にある本書のこれまでの与太話を、頭の中でどんどん結び付けて、ぶっとい線にしていってくださいね。

彗星って何？ ここにもアリストテレスの呪縛が登場…

まずは、彗星とは何か…そこから詳しく説明をしていきたいと思います。

尾の長さは1,000万kmから1億kmにも及ぶ…。長いね。

彗星とは、太陽の回りを回る小さな天体のうち、**尾を持つ「天体」**のことを言います。氷・ドライアイスなどに塵や小さな岩石が混じった塊と考えられ、「**汚れた雪ダルマ**」などと言われてきたのですが、それ**全然ちゃう**ねんッ！ というお話も含め、説明をしたいと思います。

ちなみに、最初の方で生命の誕生についての研究を 2000 年程停滞させたアリストテレスの呪縛 (自然発生説) について解説しましたが、実は彗星の正体についても、アリストテレスはとんでもない勘違いの呪縛を後世に残しています。

アリストテレスは彗星を「大気と天体の間の摩擦によって起こる現象であり、疫病などの厄災の前触れ」と言い、アリスちゃんがそう言うならそうなんだろう…ということで、彗星は長らくの間、雷や虹などと大差ない「気象現象」だと考えられていました。大事なことなので念を押しますと、彗星は「気象現象」などではなく、「天体」です。しかも、厄災の前触れとかって…相当スピってますね、彼。

そしてこの呪縛がやっと解け始めたのは 17 世紀。ハレー彗星の**エドモンド・ハレー博士**の登場からでした。

彗星の基本知識〜大きさ、形、構造（核・コマ・尾）〜

彗星の先頭の部分は核と言い、**直径 1 〜 100km 位の大きさ**だそうです。核の周辺のガスの雲はコマと呼ばれ、コマから伸びている部分を尾（テイル）と言います。尾の正体は、太陽に近づいた時に太陽の熱で暖められて氷が溶け、ガスやチリなどが噴出したものです。長さは **1 億 km** を超えるものも。ちなみに尾はでき方の違いから、イオンテイルとダストテイルに分類されます。

彗星の構造図

核の部分の質量は、**数十億トン〜数兆トン**と言われています。
天体なので、中心となる核の部分の形はまんまるかと思いきや、前出のチュリュモフ・ゲラシメンコ彗星のように、**ごつごつしたジャガイモ**のような形をしています。

彗星と聞いて多くの方が頭に思い浮かべるのは「ハレー彗星」では

チュリュモフ・ゲラシメンコ彗星

ないでしょうか。ハレー彗星は、約 76 年周期で地球に接近する彗星です。前回は 1986 年に接近し、次回は 2061 年夏くらいに地球に接近するとされています。その時私は 81 歳…晴れてハレー彗星をこの目で見られるでしょうか（どうでもいいわ）。

また、彗星の多くは軌道は安定しないものの細長い楕円軌道を描いていて、数年から数百年に一度、太陽の近くに戻ってきます。

彗星の数はハレー彗星くらいの大きさのものでも太陽系だけで**2兆個はある**と言われています。

彗星と流星、隕石との違い

そしてついでですので、ここで混同しやすい、**彗星・流星・隕石**について、簡単にまとめておきましょう。

● ［彗星・流星・隕石の違い］

名称	彗星	流星	隕石
説明	太陽の回りを回る天体のうち、尾を持つ「小天体」（彗星・小惑星・惑星間塵等）のこと。短周期彗星（海王星の外にあるエッジワース・カイパーベルト）と長期周期彗星（太陽系を卵の殻のように取り囲んでいるオールトの雲）がある。詳しくは本章で。	彗星がまき散らしていった塵。地球の引力によって大気圏に突入する時、大気の分子と衝突してガスが発光し、光っているように見える。大気中で消滅する。	火星と木星の間にある小惑星帯に多く存在する。小惑星や彗星などがぶつかってできた破片が、地球など惑星に落下して来る。10kgを超えるものだと大気圏を通過し、無傷で地表に到達する。
大きさ（単位）	km	mm ～ cm	m ～ km

私が大好きな漫画の一つに、40代以降の人々の恋愛模様をつづった濃過ぎる漫画「黄昏流星群」（弘兼憲史作）がありますが、表を見ると「流星（群）」とは元々は彗星のかけらというか、塵（ちり）のこと。

「黄昏」で一回落として、「流星群」でもう一回落とす…弘兼先生のネーミングセンス凄いですね！　（どうでもいいわ）

あ、そうそう、**隕石は1年間に何千個も地球に落ちてきている**そうですよ。当たらないように注意したいものですね。

では、彗星のお話に戻りましょう。彗星の成分は、砂が集まったものだとか、ガスが集まったものだとか、水とアンモニアと炭酸ガスの集まった氷だとか、色々な説がありましたが、氷の塊説が有力であったため、彗星は「汚れた雪ダルマ」と呼ばれるようになりました。ちなみに「汚れた雪ダルマ」説を進展させた研究者の名前は**フレッド・ホイップル**博士。ええ、ええ、サー・フレッド・ホイル博士ではありませんのでお間違いなきよう。（似ていますね）

探査・研究が進んだ結果、**彗星は雪ダルマなんてかわいい物などではなく、「ごつごつした有機物と氷の塊」**であることが、現在、明らかになっています。1968年、ハレー彗星を撮影したヨーロッパの探査機ジオットの研究者は彗星の核を見て、

「一番黒い黒石炭よりも、さらに黒かった」

と言っています。どんだけ黒かったのでしょうか。また、チュリュモフ・ゲラシメンコ彗星の写真を前にして、汚れた雪ダルマに見える人は、だいぶ、いや、かなり目の悪い人でしょう。

別の角度から見たチュリュモフ・ゲラシメンコ彗星。絶対雪ダルマじゃない。
Credit: ESA/Rosetta/Philae/CIVA、
参考 http://fanfun.jaxa.jp/topics/detail/3337.html

ちなみに彗星の「彗」の漢字は、刈り取った草の穂や竹の細い枝先をまとめて作ったほうきから来ています。子供の名前に「彗」の字が使われることがあるようですが、あくまで「ほうき」という意味があることを忘れないようにしたいですね。まあ、掃除上手に育つかもしれませんが（どうでしょうか）。

彗星の中で「生命」は生きていられるのか

で、この彗星こそが地球に生命をもたらしたのである、というのが

「彗星パンスペルミア説」なのですが、もしそれが本当であった場合、彗星の中で生命が「命を保持する」（生命活動をし続ける）ことは可能なのでしょうか。

極論ですが、彗星に宇宙船並のバリア力があれば、生命（ウイルスやバクテリア（細菌））は彗星によって守られ、宇宙空間で生き延びることもできます。というわけで、ここからは多くの人が抱くであろう「素朴な疑問」に答える形で、お話を進めていきたいと思います。

と、その前に、よりイメージがしやすいよう、ウイルスとバクテリア（細菌）について簡単に説明しておきたいと思います。

似ているようで全然違う！　ウイルスとバクテリア（細菌）

ウイルスとバクテリア。どちらもちっちゃくてウヨウヨと動いているもの、というイメージがあると思います。ウイルスの方は、「病気の原因」くらいに思われているかもしれません。サイズの大きなバクテリアから先に説明していきましょう。

バクテリア（細菌）

生物。原核細胞を持つ単細胞の微生物であります。自力で代謝をして増殖できます。細菌とバクテリアは同じです。大きさは、1〜2

ミクロン程。

ちなみに、1ミクロンは、1ミリの1000分の1。1ミクロンの1000分の1が1ナノメーターです。

ウイルス

非生物。とされていますが、それでいいのか。私的には生物に入るのではないかと勝手に思う今日この頃です。

単独では生存できず、他の生物（宿主となる生きた細胞）に感染し、その細胞内の代謝機構を乗っ取って増殖します。DNAかRNAを持っています。大きさは、20～40ナノメートル程※で、肉眼ではもちろん見ることができず、電子顕微鏡でのみ見ることができます。
※最近、細菌並みのサイズのウイルスも発見されているそうです。

ウイルスというと、インフルエンザウイルスやエイズウイルス、ノロウイルスなど、「**THE病原体！**」というイメージがあると思います。ところがどっこい最近の研究では、ウイルスは単に病気をもたらす存在ではなく、**生物が生きるために大変重要な役割を果たしてきている**（た）ことがわかっています。

地球上にはウイルスが100億種類程いると推測されていますが、我々が把握しているウイルスはそのうちの数千種程で、しかも「悪玉ウイルス」研究ばかりにスポットライトが当たってきたため、偏見が広まってしまっている模様です。

「**善玉ウイルス**」の一例としては、妊娠時に胎児を母親の免疫細胞による攻撃から守るウイルスが発見されています。胎児は母体にとっては「異物」のため、放っておくと母体の免疫細胞が攻撃をしてしまうのですが、それを防御する膜を作るウイルスちゃんがいるのです。このウイルスちゃんがいなければ、あなたも私も自分のおっかさんの免疫細胞にやられてしまい、今頃ここでこうしてこの本を読んでいることもないのですよ。

以上のような例からもおわかりのように善玉ウイルスはまだまだたくさん存在すると考えられます。本当は、発見されていないだけで、善玉ウイルスの数の方が多いカモ鴨長明。

あ、ウイルスについては、まだまだ語りたいことがあるのですが最後の方でも出てきますので、話を一旦彗星に戻しますね。

次からは、「彗星は地球に生命をもたらせる存在なのか」に関するいくつかの疑問に答えていきましょう。

疑問①「彗星は、生命が生きていられるような環境なのか?」

宇宙空間は無重力で真空、人間の致死量を遥かに超えた宇宙線と呼ばれる放射線と紫外線が飛び交っており、気温はマイナス270℃の冷え冷え状態であることをお伝えしました。そして、そのような過酷な宇宙空間でも生きられる生物が存在することを説明しましたが、長期に渡って確実に生存するためには、やはり

宇宙船のような「**生命維持のための場所**」はあった方が安心です。

そこで考えたいのは、彗星がその宇宙船の役割を果たす状態であるのかどうか、すなわち、彗星が生命を維持できる物体なのかどうかについてです。

なんとですね、ある程度の岩石の厚みや氷の厚みをもった隕石や彗星の内部は放射線などを避けることができ、また彗星は太陽に最接近する時、表面温度は最大 400℃まで熱せられますが、表面を覆う分厚い外殻があるため、**バクテリアやウイルスにとって安全地帯**になるとのことです。

というか、安全地帯どころか、**サー・フレッド・ホイル**博士と**チャンドラ・ウィクラマシンゲ**博士によると、**彗星内部は巨大な微生物培養地**と言っても過言ではない状態とのことです。もちろん、彗星の大きさにも左右されるのですが、半径が 10km 以上あれば、外側を包んでいる殻部分は 1km 程あると考えられ、故に彗星内部は長期に渡って温かい液体状態に保たれていると計算されています。

しかも、彗星内部にはアルミニウム -26 のような放射性元素があり、それが内部エネルギーとして活用され氷を溶かしているそうです。乾電池的な機能まである彗星。凄いぜ！

1984 年に南極大陸で発見された**隕石 ALH84001** を分析した結

果、火星から地球まで移動した間、その**内部が一度も 40℃ 以上に加熱されなかった**ということもわかっています。このように内部がそこまで熱くならないなら、何の問題もないですね。

次の疑問にいきましょう。

疑問②「大気圏に突入する時に焼き尽くされてしまうのでは？」

ええ、ええ、私自身もこれが大きな謎でした。地球上の大気圏外にある宇宙ゴミのことを**スペースデブリ**と言うのですが、このスペースデブリが間違って大気圏に突入しても、そこで燃え尽きて地上に落ちてくることはあまりない、というのを聞いていたため、「大気圏＝外からの侵入物を焼き尽くす」といったイメージがあったからです。

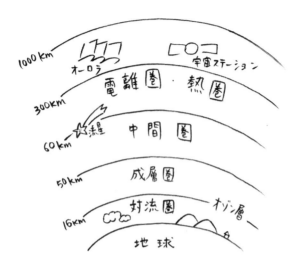

参考
(http://tokyo.tagakgk.com/houkoku/soukai-101016/kouen/index.html)

で、結論から先に申し上げますと、**焼き尽くされずに大気圏を突破するのは可能**だそうです。サー・フレッド・ホイル博士の理論＆検証によると、大気圏突入の際にどれだけ加熱されるかは対象物の大きさによります。

針の先程の大きさの粒子であれば、秒速10kmで大気圏に突入した時の最高温度は3,000℃。この場合、粒子は瞬時に気化して消えてなくなってしまいますが、一方で、これよりも小さい粒子であれば温度はもっと低くなります。

例えば、人間の赤血球位の大きさであれば1,000℃、ウイルスや
バクテリアであれば500℃くらいだそうです。

「500℃って、やっぱ焼き尽くされちゃうんじゃないですか」

と思ったそこのあなた！なんと、実験の結果バクテリアの中には、

最高温度700℃で数秒間死ななかった乾燥したバクテリア

（細菌）もいたそうです。乾いた生活をしているそこのアナタ！

乾燥って強いんですよ（余計なお世話）。

彗星から放出されたバクテリアの塊、個々のバクテリア、ウイルス
粒子の大きさであれば大気圏突入でも生き残る確率は高いのです。
アッパレですね。最後の疑問に参りましょう。

疑問③「地上に着陸する際、地面に激突して死んでしまうのでは？」

これについてもちゃんと答えがあります。ええ、ええ、安心してく
ださい、こちらも私が勝手に考えた答えではなく、サー・フレッド・
ホイル博士の理論により導き出された回答です。

結論から先に申し上げますと、**地面に激突せずに軟着陸するこ
とは可能**だそうです。何故か。**大気圏の高層がクッションとなり、
スピードが減速される**からです。そして減速された粒子のサイズ
がバクテリア大であれば、重力に引かれてそのまま落下をし、上空
で雲を作る核になって雨として地上に落ちてくる。

粒子のサイズがバクテリアよりもっと小さいウイルス大の場合は、

軽すぎてそのまま上空（20～30kmの成層圏）にしばらくとどまることになりますが、これも**季節風**（成層圏の空気の地球規模の対流の動き）によって運ばれ、そのうちにバクテリアと同じように下まで来ると、**雨の核になって雨として地上に落下する**ことになります。めっちゃ軟着陸です。

ええ、ええ、イメージついてきましたか。**地球は密封されているわけでもなく、出入り自由の状態**です。我々が知らなかっただけで、生命は宇宙と地球の間を自由に出入りしていたのですよ。コレおもしろくないですか。

宮沢賢治風の詩「雨ニモウイルス」

雨にもウイルス　風邪にもウイルス

彗星に乗って雨風をも利用し

宇宙からシレっと降ってきた

何気に丈夫な体を持ち

欲はないが、核はある

皆には悪玉ウイルスと言われ

ほめられもせず　苦にもされず

そういうものに　わたしはなりたい

（どういうこっちゃ…）

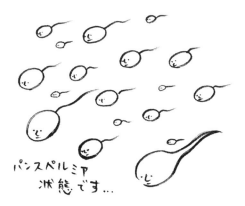

ちなみに、ほかにも「彗星と生命」の関係性を強めるお話がありますので、ご紹介したいと思います。

生命誕生の時期に彗星の衝突が半端なかった!?

皆さんは、「**カンブリア大爆発**」って聞いたことありますでしょうか？　きっと多くの方は聞いたことがないと思いますので簡単に説明しますと、**カンブリア紀**と呼ばれる約 5 億 4200 万年前から 5 億 3000 万年前の間に、突然**それも急激に生物の種類が 1 万種から 30 万種に増加した現象**のことを言います。専門用語を使うと 38 目＊10 が、この時に突然生じたのです。

＊10 生物学上の階級の一つ。生物は、門・綱・目・科・属・種で分類されています。

後ほど説明するのですが、**ダーウィンの自然淘汰による進化論**では、種の進化はゆっくりじっくり起こるため、短期間で一気に多種多様な生物が出現するという現象は理論上ありえないのです。

ええ、ええ、そして、この時期と彗星がやったらめったら地球に追突していた時期が、ちょうど重なっていると考える研究者さんも少なからずいるそうです。確かに、宇宙からいろんなもの（バクテリア・ウイルスといった）がやって来て、一気に種類が増えたんじゃないか…なんて気持ちになってしまいますね。いかがでしょうか。

動かぬ証拠。ハレー彗星のダストはバクテリア!?

また、探査機ジオットによって観測された**ハレー彗星のダスト（チリ）の粒子のスペクトルが、乾燥凍結したバクテリアと似ている**ことに気が付いたチャンドラ博士。もちろん、これだけでは彗星のダスト＝バクテリア(すなわち、彗星に生命がいる)証拠にならないため、チャンドラ博士のチームはハレー彗星のダスト粒子の赤外線**スペクトル**と、凍結乾燥させたバクテリアが出すスペクトルとを比較してみたのです。

するとなんと！二つの波形がめっちゃクリソツだったという…。これは彗星に生命が内在されているという動かぬ証拠ではないでしょうか。

あ、「スペクトルって何だっぺ？？」という方がいらっしゃると思う

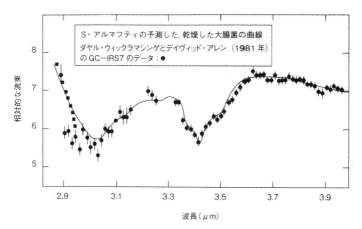

図 4.4 GC-IRS7 の赤外線スペクトル (データ点は, Allen and Wickramasinghe, 1981 より). 波長 2.8 〜 4 μm で, 乾燥微生物との一貫性を示す.

スペクトルの図。

のですが、スペクトルについて真面目に説明を始めると、本が一冊書けてしまうため、簡単にここでの意味は、物質が放つ光の色をまとめたもの、身近なもので言うとそうですね、指紋とでも思ってください。

ええ、ええ、物質によって色々な色がある中で、ほぼ二つのスペクトル（指紋）が合致していたのです。

そして、チャンドラ博士とホイル博士の推測では、

① 彗星には大量のバクテリアが含まれている。※普段は凍結乾燥し休眠状態

⬇

② 彗星が太陽に近付き太陽の熱を受けると、彗星を覆っている外膜の下の温度が上がり、氷が溶けて水の状態になる

⬇

③ 休眠状態にあったバクテリアが生理活動（発酵）を開始する。 ウヨウヨ

⬇

④ バクテリアの代謝活動でガスが発生、彗星を覆っている膜の内部に溜まっていく。 パンパン

⬇

⑤ 膜の一部が破れてガスやバクテリアが噴射する。 ブシューーーッ

（画像：http://indeep.jp/esa-discovery-comet-p67-s-rich-oxygen/）

という現象が起こるのではないかとされています。

ちなみに、ちなみに、チュリュモフ・ゲラシメンコ彗星でもガスの噴射が観測されています。

彗星がバクテリアの塊である（というか、バクテリアだけでなくバクテリア内部に潜むウイルスを含んだ塊である）説の信憑性が高まったのですが、他の研究者からは塩対応という…切ないですね。古代には地球に幾度となく彗星自体がぶつかり（大きさにもありますが、数億年に 1 回の頻度）、また、今も**彗星のまき散らしたダストが地球に毎日一日平均 100kg も降ってきている**という事実を鑑みると、彗星が地球に生命をもたらしたという説は疑う余

地のないもののように思えてならないのですが、いかがでしょうか。

次の章では、彗星パンスペルミア説が「アリ」という仮定の下に導き出される目からウロコが落ちる「進化論」の新説について、ご紹介したいと思います。

ええ、ええ、目からウロコというかウイルスが落ちますよ。

第7章

「ウイルス進化論」
～彗星パンスペルミア説によるnew進化論～

現在、進化論の主流はダーウィン系＊11の進化論です。ええ、ええ、ええ、あの教科書にも普通に載っている説です。

＊11 ダーウィン進化論＋ネオ・ダーウィンの進化論

がしかし、**ダーウィン系の進化論も仮説の一つで、科学的な証明はされていない**ため、矛盾点や説明のつかないことがたくさんあり、これってどうなのかね？…と懐疑的な研究者も多いのをご存知でしたか？　我らがサー・フレッド・ホイル博士もその一人でした。そして、サー・フレッド・ホイル博士は、彗星パンスペルミア説を基にその矛盾点をうまく説明できる画期的な「**ウイルス進化論**」を唱えました。

この「ウイルス進化論」をネットで調べてみたところ、「**トンデモ説**」扱いをしているページが散見され、また、「ダーウィン系進化論」VS「ウイルス進化論」の研究者達が、子供のような喧嘩を繰り広げていたりして、喧嘩があまり好きではない私にとっては、何だかもったないことになっているように思えました。

そこで本章では、「ダーウィン系進化論」VS「ウイルス進化論」

111

ではなく、ダーウィン系進化論で説明が難しい部分を「ウイルス
進化論」で補完するような形で、ウイルス進化論を説明したいと
思います。喧嘩をやめて〜♪（古いね）

「ダーウィン系の進化論」をおさらいしましょう

まずはイギリスの自然科学者であるチャールズ・ダーウィンが、
「種の起源」（1859 年）で提唱した「ダーウィンの進化論」を
おさらいしましょう。

ダーウィンが唱えた進化論のキーワードは、「**自然淘汰（自然
選択）**」「**性淘汰（性選択）**」「**生存競争**」です。簡単にまとめ
ると以下のようになります。

生物は一般的にたくさんの子供を産みます。そして、同じ種類の
個体間で生存競争が繰り広げられます。ある個体が生存に有利な
形質を持って生まれた場合、その個体が生き延びて次の子孫を残
す確率は高くなります。そしてその子孫が親と同じような生存に
有利な形質を受け継いでいたら、この個体が生き延びる確率はこ
れまた高くなります。

するとこの形質を持つ個体の種類が多数派になり、結果的に種全
体がこの形質を持つように変化する、すなわち、最も環境に適し
た者が生存していくというのが、ダーウィンの進化論です。

ちなみにこれを「適者生存」と言いますが、これを提唱していた

こんな風刺画も…私はかわいいと思うのですがどうですかね。
（1871年の編集の漫画 ポスター）

のはダーウィンではなくハーバート・スペンサー（1864年に『Principles of Biology』）。誰かが「ダーウィンが言った適者生存」と言っていたら、スペンサーだよと教えてあげましょう。

このように生存に有利な形質を持つものが生き残っていくことを「自然淘汰」と言います。

また、「性淘汰」とは、生き物が子孫を残すためにはチョメチョメ（交尾）が必要ですが、相手に選ばれないとチョメチョメできないため、相手に選ばれるような形質（時に、それが生存に有利かどうかは別として）を持つ雄雌が生き延びることを言います。わかりやすい例ですと、**クジャクの雄の羽の立派さ&模様のきれいさやライオンのたてがみの立派さ、ホタルの発光の明るさ**などがあります。優れた雄雌が相手に選ばれて残っていく感じですね。

ちなみに、ちょっと話が煩雑になりますが、実はダーウィンが「種の起源」を書く前に、ダーウィンとイギリスの博物学者**アルフレッド・ラッセル・ウォレス**との共同論文があり、その後、有名になったのはダーウィンですが、ウォレスもその道では超偉大な研究者です。というかウォレスの方が先に進化論を唱えていたんです。このこともぜひ知っておいてください。

そしてその後DNAの研究が進み、遺伝情報が細胞の中の遺伝子に収められていることがわかると、ダーウィンの進化論を補完する「**ネオ・ダーウィニズム**」の理論が隆盛になりました。

生物は遺伝子のミス・コピーによって高等に進化した!?

ネオ・ダーウィニズムの最大のポイントは、**生物の種の多様性は遺伝子の「突然変異」によって生じる**という点です。

突然変異とは、親から子へ遺伝情報が受け継がれる時、すなわち、G-CAT（←覚えていますか？）で構成されるDNAの配列がコピーされる際、間違った遺伝情報が伝わるコピー・ミスのことです。

突然変異が起こると、どちらの親とも違う形質を持つ子供が生まれます。この形質が生存に有利であればその先も繁栄していき、結果的に種全体が進化していくというものです。

この理論を聞き、「なーるほど！」と納得してしまったそこのあなた！　サー・フレッド・ホイル博士はこのように言ってます。

> 聖書の創世記の１ページ目を何十億回も手打ちでコピーし、
> 単純なタイプ・ミスを繰り返すうちに、文量が増えて内容が
> 多様化し、気が付けば聖書一冊が完成したのみならず、世界
> 中の大図書館の全ての蔵書が完成したと聞いたら…どうよ？
> **タイプ・ミスが情報の質を下げることは、誰でも知って
> いること。**
> 遺伝情報のコピー・ミスを繰り返して、生物のレベルがどん
> どん上がって人間ができたって…どうよ？

「どうよ？」とは言ってないかもしれませんが、ええ、ええ、そう言われると、確かに納得できない話であります。

突然変異というコピー・ミス進化論の支持派の皆さんは、生存に有利でないと「自然淘汰」されるから、コピー・ミスの中でも有利なものだけ残るんだぁ〜と反論されるようですが…

あと、その突然の変異がなぜ起こるのか、という点については明確な説明がないのも微妙。何だかよくわからないけど突然！ なのです。実はこちらについては、後ほど説明するサー・フレッド・ホイル氏のウイルス進化論が快刀乱麻を断ってくれますが、その前にダーウィン系の進化論について何やら「腑に落ちない

点」を整理しておきましょう。

ここが変だよ！ダーウィン系の進化論

① 進化は一定速度で物凄くゆーくり（時に数千万年をかけて）進むとされており、カンブリア紀（5億4200万年前から4億8800万年前）に、生物の種類が1万種から30万種へ突然増加している現象、**カンブリア爆発**を説明できない。

② 突然変異という遺伝子の「コピー・ミス」によって親と違った子供が誕生することになっているが、**コピー・ミスを繰り返した結果、優れたものに進化しているのはおかしい。**

③ 必ずしも**生存に有利な形質が選択されて今に残っているわけではない。**

④ 魚と両生類、爬虫類と鳥類あるいは哺乳類などの、古い種と新しい種とを結ぶ**中間段階の化石は実は見つかっていない！**

⑤「生きた化石」と呼ばれるシーラカンスやカブトエビをはじめ、何億年以上もの間**ほとんど進化していない生物がいる**のはおかしくないか？

⑥「**突然変異」がなぜ起こるのか謎。**突然って何？ 偶然？

ええ、ええ、生物が進化しているのは間違いないとは思うのですが、以上のように、「**自然淘汰」「性淘汰」とコピー・ミスによ**

る遺伝子の「突然変異」が生物の多様性（進化）をもたらした
という説明では、**つじつまが合わないことが多過ぎる**のです。

①の「カンブリア爆発」に関しては、ダーウィン自身も解けない
謎だ…と白旗を上げていたそうです。

②はサー・フレッド・ホイル博士の言葉の通りです。

③も明らかに生存競争に不必要な機能がそのまま体に残されてい
たり、必要なものがなかったりする例があります。

よく言われるのが、ビタミンC生成に関する話です。

我々人間は生命維持に必要なビタミンCを体内で生成すること
ができませんが、他の哺乳類の中にはできる種類もいます。生存
競争を生き抜いていくためなら、どの哺乳類にもというか、進化
の最終形とされている人間には、ビタミンCを作る機能はあっ
てしかるべきなのに…なぜなのでしょうね。

また、「生存に有利な形質が選択されて残っていく」のみであれ
ば、同じエリアには1種類の動物しか生き残らないのではない
かと思うのです。ええ、ええ、この切手のように、**同じエリア
にキリンとシマウマが一緒にいるのはちょいとおかしい**と思
うのです。いかがでしょうか。

また、旧人、新人が元々持っていたと考えられている**絵画や音
楽といった芸術的な才能などは、生存に有利な形質の選択
の結果ではない**ように思われます。

形質が不利なモノは全滅しているはず…

さらに、④は今更ジローな情報ですがビックリしませんか？ 種の新しい形質についての情報(化石等)は、すべて降って湧いたように登場していて、そこには**連続性がない**そうなのです。私は、ダーウィン系の進化論が教科書に載っていたのは、諸々の研究によりその確証が得られているからだと思っていたので、このあくまで仮説であるという事実はだいぶ驚きでした。

⑥の「突然変異」に関しても、「コピー・ミス」の説明の通りで多くの場合、不利な形質となるため、選択されないことがわかっています。…ダーウィン系の進化論、ツッコミどころが満載ですね。

これはちょっと違うか…
(参照：http://blog.nakatanigo.net/design/50835982)

「ウイルス進化論」生物の多様性はウイルスによる遺伝子組み換えと挿入で生まれた！

そんな中、我らがサー・フレッド・ホイル博士とチャンドラ・ウィクラマシンゲ博士によって唱えられたのが「**ウイルス進化論**」です。この説ではダーウィン系進化論では説明のつかなかった点を、うまく説明できるのです。

ウイルス進化論を簡単にまとめると、「**地球上の生物の多様性をもたらしたのは、ウイルス感染による遺伝子組み換えと挿入である。**」となります。

サー・フレッド・ホイル博士がこの「ウイルス進化論」を唱えた当時、「おめぇ、何言ってんだぁ〜」「ありえない」などと、否定的な反論の集中砲火を浴びたそうです。同じように上のウイルス進化論のまとめに対して、「またまた突飛な説を…」と思われた

そこのあなたのために、

「へぇ〜、ウイルス進化論ってアリじゃねー？」

と思わせる記述が、サー・フレッド・ホイル博士の著書「生命は宇宙を流れる」(茂木健一郎氏監修) の中にあるため、そこの部分を引用させていただきます。

"増殖に成功したウイルスが宿主細胞から抜け出す際に、宿主細胞の遺伝子の一部を自分の遺伝子と一緒に持ち出したり、あるいは、自分の遺伝子の一部を宿主細胞の中に残していったりすることが、かなりの確率で起こる。

その結果、「前の宿主細胞」と「新しい宿主細胞」との間で遺伝子の組み換えが起きることがあるのだ。生物が進化するには遺伝子が変化する必要がある。

このウイルスであれば、宿主がそれまで持っていなかったまったく新しい遺伝子を導入することができ、生物の進化を促すことができるのだ。"

「生命は宇宙を流れる」（サー・フレッド・ホイル著、茂木健一郎氏監修）より

いかがでしょうか。コレ説得力ありませんかね。もう少し詳しく説明すると、

120

「宿主細胞の遺伝子の一部を自分の遺伝子と一緒に持ち出したり」⇒遺伝子組み換え

「自分の遺伝子の一部を宿主細胞の中に残していったり」⇒遺伝子挿入

という感じです。

そんでもって、2003年にヒトゲノムという人間のDNA情報の全てが完全解読されたのですが、その後の研究によって、なんと！ **我々人間の遺伝子の46%がウイルス由来**だったことが明らかになっています（残りの50％はまだ不明）。

この結果にピンッと来た方！　勘のいい方ですね。

我々の遺伝子の約半分がウイルス由来であるということは、単細胞から人間に進化するまでの間に幾度となくウイルスの感染とそのウイルスによる遺伝子組み換えがあったという、これ以上ない証拠と考えられるのです。

ええ、ええ、バクテリアとウイルスの違いについて説明した際、ウイルスは100億種類以上存在すると言われており、我々が把握しているのはそのうちの数千種程の悪玉ウイルスのようなものばかりで、稀に善玉ウイルスのようなものもいるということを書きましたが、ウイルスには悪も善もなく、単に遺伝子の突然変異を起こさせるだけの存在かもしれないのです。

以前はトンデモ説扱いされていたこの「ウイルス進化論」ですが、

以上のヒトゲノムの実証データからも信憑性が増し増しになり、支持派も着実に増えています。

また、一つの個体が自然選択やらコピー・ミスの突然変異やらで、親のそれとは違った特徴を持った生物になった場合、それが水平的に広がっていくためにはこれまた天文学的な時間を要しますが、このウイルス進化論であれば、ウイルスに感染した個体全てが一斉に突然変異を起こすため、進化のスピードもグンッと速まります。

ええ、ええ、自然選択でのんびりやっていたら、我々はいまだにミドリムシくらいかもしれません。

ってゆうか、「You も Me も宇宙人」はすなわち、「You も Me もウイルス」と言えるかもしれません。（飛び過ぎ？）

で、「ウイルス進化論」をまとまめると次のようになります。

ウイルス進化論

① 昔々、その辺でウヨウヨしていた単細胞生物に A というウイルスが感染。

↓

② ウイルスの遺伝情報がその単細胞生物の DNA に挿入もしくは一部追加され、A という突然変異が起こる。

↓

③ 元々の単細胞生物と違う、A という特徴を持った単細胞生物が生まれる（分化する）。

↓

④ これが繰り返され、生物の種類はどんどん増えていき、植物、魚類、両生類、爬虫類、鳥類、哺乳類でもどんどんウイルス感染による DNA の組み換えが起こる。

↓

⑤　人間のように言葉を操ることができる知的生物も生まれる。

※ A という特徴は例えば、光合成をするとか、羽が生えるとか、目ができるとか、もう何でも。

また、**人間（ホモ・サピエンス）と他の動物を分けたのは、**「**言葉**」と言われていますが、これには **FOXP2** という遺伝子が関連していることがわかっています。

ただし、この遺伝子は人間にだけあるのかと思いきや、なんと人間以外の鳥類、チンパンジー、くじらなどの動物も持っているそうです。すなわち FOXP2 遺伝子は、言語を操るための必要条件ではあるものの、必要十分ではないらしいという…こちらについてもまだまだ謎が多く、研究が行われている最中です。きっと現在わかっていないだけで他の遺伝子でも、「言葉」に関与しているものがあるんでしょうね。

ちなみに、ウイルスと言えば…という、我々の生活に関係するおもしろいお話がありますので、ちょっとそちらも紹介させてください。

インフルエンザウイルスも宇宙から？　流行と感染経路の謎

皆さんはインフルエンザにかかったことはありますか？　私ですか？　ええ、ええ、バッチリあります。

あれは若干ブラック企業寄りの IT 企業に転職した 20 代半ば、真冬の 1 月のことでした。その会社では、採用された職種と関係なく、全員が 1 カ月の営業研修を受けねばなりませんでした。私は Web ディレクターとして採用されたのですが、営業部隊の

一員として生まれて初めての営業活動にいそしむことになりました。

「研修」とは言うものの、達成せねばならない営業目標があり、上からのプレッシャーに胃の痛い毎日。慣れないことも多くてストレスが溜まり、また、冬の寒さも相まって、免疫力が低下していたのでしょう。入社 2 週間程でインフルエンザに罹患してしまいました。

1 月はただでさえ営業日数が少ない月。数字も取れていない…なのに会社を休むわけにはいかない。

追い詰められていた私は、39℃の高熱と全身の倦怠感を隠し普通に出社してしまいました（良い子は真似しないように）。

すると、何ということでしょう…

周辺の社員が次々とインフルエンザで倒れ、翌日、翌々日と私の周りから消えていきました。ええ、ええ、普通に感染させてしまったんでしょうね（ソレ生物兵器テロですよ、あなた）。

このように人から人へ病気が感染することを「**水平感染**」と言います。ウイルスが人を介して感染する確たる証拠はないものの、よく見られる現象です。

では、このインフルエンザウイルスって、元々は何処から来たのでしょうか？

あ、ハイ、察しのいい方はもうお分かりですね。そうです、**ウ**

イルスは宇宙から来て地上に降ってくるというのが、サー・フレッド・ホイル博士&チャンドラ・ウィクラマシンゲ博士の説です。水平感染に対して、**天降感染**とでも言いましょうか。

インフルエンザは、**地球上の離れた場所で同時期に流行**したりします。これは感染経路が水平感染のみだったのであれば、説明のつかない現象です。サー・フレッド・ホイル博士は、インフルエンザウイルスが宇宙塵として地球に侵入して直接感染した後、水平感染で広がるのではないかと仮説を立てました。

それを裏付ける疫学的な実証データもあり、ここではそのデータからわかったことを簡単にまとめておきますね。

［インフルエンザの天降感染の証拠］

・世界各地の非常に離れた場所で同じ日に出現することがある。

・比較的近距離であるのに、蔓延までに数週間かかることがある。

・インフルエンザウイルスを運んでいると考えられる対流の動きと、北半球・南半球・赤道下のエリアでのインフルエンザの流行（感染者数）の季節性が合致していた。

・世界的なインフルエンザの大流行と、太陽の黒点活動の活発化のピークの時期とが一致していた。

※太陽の黒点活動が活発になると、成層圏にあるもの（ここにウイルスが含まれている）が地上に落下しやすくなる。

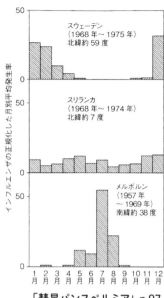

「彗星パンスペルミア」p.97

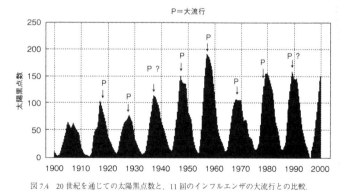

図7.4 20世紀を通じての太陽黒点数と，11回のインフルエンザの大流行との比較．

「彗星パンスペルミア」p.99

いかがでしょうか。地球上には平均で**毎日約100kgもの彗星起源の微生物が、降り注いでいる**と推定されています。ええ、ええ、空から降ってくる雨（雪も）には、インフルエンザウイルスに限らず、様々なウイルスやバクテリアがいそうな…

今回はインフルエンザにのみ焦点を当てていますが、ペスト、天然痘、ポリオ、コレラ、エイズなど、これまで世界的に大流行した病気はもしかして…ちょっとハッとする話ですよね。

繰り返しになりますがウイルスは自身だけでは自己複製ができず、**宿主に寄生して初めて増殖する**ことができます。

何だか伝説の漫画『寄生獣』＊12みたいですが、**宿主が死んでしまうと自身の身もアウト**になってしまうため、**宿主との良好関係を築きたいのがウイルスの本音**（？）です。

＊12 謎の寄生生物と共生することになった高校生男子の主人公と、人間の頭に寄生して人間を食べる寄生生物との戦いを描くSF漫画。

故に、宿主への侵入時は攻撃的・破壊的なウイルスですが、宿主がいなくなってしまわぬよう、後から共生を目的として宿主と仲良くしちゃったりするそうです。

ええ、ええ、どうせなら始めから平和的に振る舞ってほしいですね。というか、実は**宿主である我々がウイルスを選んでいる**ら

しいので、我々がウイルスに気に入られるようにしたらいいんで
すね。いや、嫌われるようにか…

周辺がインフルエンザにかかっても、予防注射を打ってなくても、
なぜか絶対感染しない人っていませんか？　そういう人はインフ
ルエンザウイルスに嫌われる何か秘密があるのかもしれません。

ウイルス進化論は反論も多く、信じるも信じないもあなた次第で
すが、私的にはとてもしっくりくる内容なので、早く誰かにキッ
チリ実証してほしいなと思います（最後まで他人任せ…）。

「ウイルス進化論」まとめ〜生物は結局のところ2分類〜

宇宙から降り注ぐウイルスを細胞に取り込むことによって、遺伝
子の組み換えや挿入が起こり、多種多様な生物が発生するとな
ると、今、この瞬間も宇宙から地球にウイルスが侵入しており、
我々生物はまだまだ進化の過程にあります。

この先どのように進化し生物の種類が増えていくのかわかりませ
んが（はたまた状況や種によっては絶滅して減っていくかもしれ
ませんが）、現時点で言えることが一つあります。

それはウイルスによって進化した地球上の生物がある意味、たっ
た**2つに分類**されるということです。

この地球上に何百万も何千万種類もいる生物が、たったの2分

類!?

読者の皆さんならどう分けますか？　植物と動物？　単細胞生物と多細胞生物？　それはそれで正解かもしれませんが、「エネルギーの消費の仕方」という観点から生物を分類すると、次のように分けることができそうです。

---

① 生命維持に **必要なだけ** のエネルギーを使う生物。 ➡ ちょうどよい型

② 生命維持に **必要以上際限なく** エネルギーを使う生物。 ➡ もっともっと型

そしてこれは生物が、「人間以外の生物（ちょうどよい型）」と「人間（もっともっと型）」の2つに分類されるということを示しています。これは今注目の学問「宇宙経済学」の考えに基づいています。

宇宙経済学ではこちらを「経済的（無駄使いをしない）かどうか」という観点から、以下のように分類しています。

---

① 経済的でない（無駄使いをする）生物。 ➡ Lu = Life uneconomical 型

② 経済的な（無駄使いをしない）生物。 ➡ Le= Life economical 型

また、Lu（Life uneconomical）とLe（Life economical）はそれぞれ

Life preference to the **U**niverse（宇宙選好型＝宇宙に飛び出していきたい生物＝人間）、

Life preference to the **E**arth（地球選好型＝地球で粛々と生きていたい生物＝人間以外の生き物）

とも定義されています。

あ、ここに来て人間を特別扱いしているわけではありません。事実としてそうなのです。

ええ、ええ、これはエネルギーの消費の仕方というか、「欲」という視点に置き換えてもいいかもしれません。**「欲」が有限なのが「ちょうどよい型」で、欲が無限なのが「もっともっと型」**です。

成人した人間一人が生き延びるために一日に必要なエネルギーは、平均 2,000 カロリーですが、現在、**人間は一日に約 5 万キロカロリーものエネルギーを一人で消費**しています。

えッ？　自分は毎日 5 万キロカロリーも飲み食いしてない？　それどころかダイエット中で少食だからちょうどよい型なんじゃないか？　No! No! ここでのエネルギーというのは、食べ物として摂取している分だけではなく、電力といった、生活の中でエネルギーを必要とするものを全てひっくるめた数字です（世界平均値）。

今あなたが着ている服や、使っているスマホを作る（そして通信する）ためにもエネルギーが使われますし、エアコンといった家電も車も…製造・使用するためにエネルギーが必要ですよね。

ちょうどよい型と言うのは、素っ裸で電灯もない洞穴などで、タクシーにも電車にも乗らず、もちろんスマホもPCも捨てて生活しているような状態です。そのような状態では生活していないですよね。

というわけで、ちょうどよい型ともっともっと型の違いを一覧表（右ページ）にまとめてみましょう。

我々人間は、**必要エネルギーの約25倍ものエネルギーを毎日消費**して生きています。他の生き物でそんな生き物はいません。ちなみに私はナマケモノが大好きなのですが、超省エネ動物と

ナマケモノ

● ［生物の 2 分類］

	ちょうどよい型の生物	もっともっと型の生物
種類	人間以外の生物	人間
宇宙経済学での呼び方	Le（Life economical）	Lu（Life uneconomical）
欲	生命維持ができる時点を超えたら、無欲	際限なく欲がある
エネルギー消費	生存に必要なエネルギーしか使わない。	生存に必要な量以上のエネルギーを使う。際限がない。必要エネルギーの 25 倍の約 5 万キロカロリーを 1 日で消費する。※必要カロリーは 2,000 キロカロリー / 人 / 日※アメリカや日本などの先進産業国は途上国の約 125 倍の消費
言うなれば…	地球の寿命（後 50 億年）ギリギリまで、地球の資源を使ってゆっくり増殖する使命。地球に安住し、地球以外の場所に自ら進んで出て行こうという気はなく、宇宙選好（地球の外に出ていこうという気持ち）が低く地球選好が高い。	地球の寿命以前に地球の資源（埋蔵分も）を使い尽くしてスピード増殖する使命。地球のような惑星にとって破滅的、破壊的存在とも言える。また、新たな資源を求め、他の天体にも拡散しようと試みており、宇宙選好（地球の外に出ていこうという気持ち）が高い。

言われている**ナマケモノの 1 日の必要カロリーは 80 キロカロリー**。故に彼らは 1 日に数グラムの葉っぱを食べ、後は木にぶら下がって眠って過ごしています（睡眠時間は 20 時間）。移動も時速 16m と言われていて、排せつは週に 1 回。ええ、ええ、必要最小限のカロリー摂取と行動しかしないのです。

ナマケモノはエコモードの超理想型です。そして、他の動植物も**生きるために必要な分だけのエネルギー**で毎日やりくりしています。それに比べて、人間は過去長期に渡って地殻に蓄積されてきた石炭・石油の化石燃料というエネルギーや、地球誕生時に内部に蓄積されたウランのようなエネルギーまで使いたい放題！ 天才理論物理学者**スティーヴン・ホーキング**博士によると、**人類はあと100年以内に滅びる**[13]そうですが、果たして何年もちますかね…ドキドキ。

[13] ちなみに本書の監修者でもある松井教授も20年程前に『地球システムの崩壊』（新潮選書）の中で、ホモ・サピエンスが作り出した文明（人間圏）が100年で破綻を迎えると指摘しています。

また、ちょうどよい型（有限欲生物）の生物ともっともっと型（無限欲生物）の人間との違いは、自らの使命をよくわかっているかどうかとも考えられます。

その使命とは何かわかりますか。それは**複製**…ええ、ええ、**コピーをする（子孫を残す）**ことです。

これは「知っている」というよりは、「**本能に刻み込まれている（プログラムされている）**」と言ってもいいかもしれませんが…

動物の生態を追うドキュメンタリー映画などを見ていると、確かにそうとしか思えないですよね。ちょうどよい型の生物たちは、

何の疑いもなく複製のために生きているように見えます。人間はそれとはちょっと乖離してしまったような感じもしますが、

生命に与えられた使命はひたすらコピーをすること。これに尽きます。

ちなみにこの世でもっとも忠実なコピーマシーンは、非生物とされているウイルスです。ウイルスは、自己中と言っていいほど、自己複製にしか興味がありません。寝ても覚めても、コピー！コピー！コピー！　コピーがすべてさ〜。

…こんな風に言い切ってしまうと、なんだか厭世（えんせい）的になってしまいそうですが、これはこれ。それはそれ。

今生きていることに感謝し、今日を楽しく明るく大切に生きましょう〜♪（今さら感アリ）。

また、「生物の使命が子孫を残すことだ」という部分を読んで、子どもを作る気がない、もしくは授からなかった…という方は、もしかしたら嫌な気持ちになってしまったかもしれませんが、**我々は「人間」という種の存続に寄与していたら、自分直系の子孫がいようがいまいが実はまったく関係ありません。**

その辺の子どもたちがすくすく育つよう、何かしらのサポートをしましょう！　私も直系のコピー（？）はいませんが、私とDNAの出処が一緒である姉の子ども（甥っ子・姪っ子）をちょっとかわいがっております。

というわけで、そろそろ〆に向かいましょう。我々もっともっと型の人間が、あと何年地球上で謳歌できるかはお釈迦さまにもわかりませんが、そのお釈迦さまによると我々が目指すべきものは、**自分自身も含めて何も「所有してはいけない」、無私無我の状態です。**

この謳歌の期間を延ばすためのベストな心構えは、地球を所有しない＝地球をいじくらない、自然でキレイな状態に保つことかもしれません。

最初の方でも書きましたが、生命は常に宇宙を旅しており、我々のDNAもそのうち地球を離れてまた遥か彼方の宇宙に旅立つことを思うと、この**地球は我々にとっては「仮の宿り」**です。**ホテル**みたいなものです。

ホテルに宿泊した際、部屋を極力汚さないようにするのは旅人のエチケットです。そんな気持ちで地球（というかあなたの身の回り）をしっちゃかめっちゃかにせず、**多数派のちょうどよい型生物にこれ以上の迷惑をかけないように**小さくなって生きていきましょう。

欲望に際限のないもっともっと型に進化するウイルスを取り込んだ生物は現時点では人間のみですが、ホーキング博士の予測通り、100年以内に人類が滅びた後、もしもまた突然変異で人間以外のもっともっと型の生物が誕生することがあったら、ええ、ええ、

人間よりもっとうまくやってほしいですね。

ってゆうか、**無私無我**って言葉、いいですね。ムシムガ、流行語大賞にならないですかね。

あとがき

「で、結局何が重要な事なのか」

皆さん、いかがでしたか？ 楽しんでいただけましたか？

本書の目的は、普段あまり縁のないアストロバイオロジー（宇宙生物学）の世界に触れてもらい、彗星パンスペルミア説について広く知ってもらうというのもありますが、それ以上に、深く考えることがないであろう自身（生命）の起源について、科学的な実証を基に**自分自身の頭でアーダコーダと考えながら、自分なりの意見**を持ってもらうことでした。本書を読み、

「いや、でも…やっぱり生命は地球上の海とかで、ポッと生まれたとしか思えない」

というのであれば、それはそれでいいかなと思います。ええ、ええ、それは自由です。ただ、ここまで読んだのに、

「そもそも生命が地球で生まれていようが、宇宙で生まれていようが、やっぱりどっちでもいいじゃーん、どうして頭脳集団が命がけでこの論争をしているのか、全然理解できまへーん。」

139

というのであれば、それはちょっと残念なことであります。

『生命の「地球起源説」VS「宇宙起源説」論争は、なぜ重要なのか?』

皆さんはこの問いにどう答えますか? この問いの答えは、人によって様々だと思いますが、

「うっ…答えられないっぺ」という場合は、この論争の重要性について思いを馳せてもらえるように書くことができなかった、この私めの責任です。ええ、ええ、ちょっとふざけ過ぎましたかね。

これはあくまで私の勝手な答え（考え）なのですが、最初の生命が誕生する確率は、ゴミ置場を竜巻が通り過ぎた後にボーイングの飛行機ができているような確率 (10 の 4 万乗分の 1) であるため、今後どんなに科学技術が進歩しても、地球上の実験室で生命をゼロから作り出すのはほぼ不可能そうです。ええ、ええ、宇宙のどこかで生まれたと仮定すると、地球の環境下でゼロから生命を作ろうとしても、前提（環境）が間違っているので作ることができなさそうですよね。ならば、

「生命は、絶対この地球上で誕生したのだ!」

と、「地球という**狭い尺度**」で行われる研究に力を注ぐよりも、

「生命は宇宙で生まれ、宇宙には生命が満ちており、すなわち地球は絶えずその宇宙からの生命 (バクテリア・ウイルス) の、悪い言い方をすると侵略に脅かされている、良い言い方をすると新しい可能性を享受し続けている」
という事実を受け入れて、「宇宙的な**大きな観点**」で研究に精を出した方が、今後の地球のためになるのではないかなーと思ったりするのです。

地球規模の医療政策とか（感染症対策等）、エネルギー政策とか、人口対策とか、自身の存在意義についての哲学的な問いかけ…からの宗教論まで、色々なことがひっくり返るのがこの生命の「地球起源説」VS「宇宙起源説」論争なのです。いかがでしょうか？

大事なのは「何が大事なことなのか」

この論争に限らず、「**何が大事なことなのか**」について**常に考えながら生きる姿勢**は、とても大事な姿勢だと思います。仕事でも何が大事なことなのかがわからないままにスタートさせると、優先順位を付けることができなくなるため、やればやるほどドツボにはまっていきます。常に立ち止まって、

「何が大事なんだっけ？」

と自問自答することを忘れずにいきたいものですね。

ちなみに、本書を書き始めてから、私は雨に気を付けるようになりました。ええ、ええ、雨の中には何らかのウイルスかバクテリアがいるかもしれず！ ウイルス進化論者いわく、

「雨や雪の日に口を開けて外に突っ立っていたら、次世代の変化が期待できます」

だそうです。雨が降ってきたら、いけのり作の宮沢賢治風の詩、「雨ニモウイルス、風邪ニモウイルス」を思い出してください。

さらに、最近は何かあるとすぐウイルスのせいにするので（ ○○さんがセコいのは、セコウイルスに感染しているせいじゃないですかね…みたいな ）、周辺からは「それもウイルスか…」という顔をされるようになった私。

えッ？ 何か偏っていないかって？ そんなことはありません。

ありがたいことに、宇宙と生命という**大き過ぎるテーマ**に取り組んでいたため**視野が広がり**、昔ならぷりぷり（ 怒 ）していたような出来事が小さく思えるようになったのです。

ええ、ええ、なんてったって、10 の４万乗とか、１光年とか、そんな単位に触れていたので。その辺のことは、**何もかもが小さい話**です。

皆さんも普段ストレスになることがあったり、壁にぶち当たったりした時には、アストロバイオロジーに限らず、何か壮大なテーマについて思いを巡らせてみてください。すべてが小さなどうで

もいいことに思えて、気持ちが少し楽になると思います。

最近では、宇宙自体がこの世に無限に存在することが明らかに
なってきております。ええ、ええ、我々はその広大な宇宙の中の
**超ちっぽけな存在ではありますが、無駄な存在というものは
ありません。**
生を受け、こうしてのほほんとでも存在しているということは、
それぞれに何か果たすべき使命があるものとも思われます。
寿命を全うするまでに、自身の本当の使命を明らかにして、なる
べく成就させたいものですね。
えッ？　使命はDNAのコピー？　そうですね、それですね。

有史以来、たくさんの哲学者や宗教家、はたまた学者たちが「**人
間はいかにいきるべきか?**」について語ってきましたが、その
問いに対する明確な答えはいまだありません。

が、私は地球のエネルギー源を荒らしまくり、カロリー消費を際
限なく行っている我々もっともっと型生物の人間は、どう生きる
べきなのかについて思いました。もしかしたら、欲のないちょう
どよい型の生物に倣って省エネに生きていくのが正解なのではな
いかと…**ナマケモノになるのがいい**のでないのだろうかと。

スピード！！スピード！！スピード！！なんてやめて、激しく成長を追いかけたりせずに、もう少しのんびりおおらかに生きるのがいいのではと…。

ええ、ええ、ここまで文明が発達し便利になってしまうと、野生動物のような過ごし方をしたり、原始時代のような生活にパッと戻ったりするようなことは不可能ですが、ちょっとちょうどよい型生物に近付く、そう、欲を抑えて生きる、、、ああ、これって一言で言うと、

足るを知る…

これですね。『老子』 のこの精神でいきましょう。You も Me も宇宙を旅している途中のただの旅人でした。

「足るを知る」姿勢で過ごすのが、地球に仮住まいする我々（もっともっと型生物）の旅人としてのエチケットだと思います。

「You も Me も宇宙人」を読んで、少しでも多くの方が「足るを知る」の大事さに気が付いていただけたら嬉しい限りです。

そんなこんなで、最後までこのような駄文にお付き合いくださり、ありがとうございました。

サー・フレッド・ホイル博士&チャンドラ・ウィクラマシンゲ博士の言葉から

私たちは宇宙に対して開かれている開放系
We are connected!

私たちは宇宙の一員であって独りぼっちではない
We are not alone!

私たちは特別なかけがえのない存在ではない [14]
We are one of them(family)

[14] 1995 年、スイスのグループが地球的な惑星を発見してから、既に 3,000 個以上も同様の惑星が発見されています。今では発見されてもニュースにすらなりませんが、こういった惑星はこの宇宙に推定 $10^{11} \times 10^{11} = 10^{22}$ 個あると考えられています。

巻末付録① 生命誕生の確率の出し方

ここでは「生命誕生の確率の出し方」を説明します。

①生命を一つ作るためには、酵素＊15 が最低でも 2,000 個必要です。

＊15 酵素とは、生物の細胞内で作られるタンパク質の総称です。生物の細胞内で起こる化学反応（消化とか呼吸とか）の触媒の役割を果たす、あらゆる生体の中で生命の営みに不可欠の存在です。タンパク質なので、アミノ酸で作られています。

②この酵素一つを作るのに、20 個のアミノ酸の中から正しいアミノ酸を少なくとも 15 か所の位置に正しく並べる必要があります。

②を計算式で表すと、

$(1/20) \times (1/20) \times \cdots \times (1/20) = (1/20)^{15}$ ですね。

$(1/20)^{15}$ は、$(1/2)^{15} (1/10)^{15} \fallingdotseq 10^{20}$ ＊となります。

$$\text{＊} 2^{15} = 10^x$$
$$\log 2^{15} = \log 10^x$$
$$15 \log 2 = X, \log 2 = 0.301, \log 10 = 1$$
$$X = 15 \times 0.301 \fallingdotseq 5$$

①から少なくとも、2,000 個の酵素が必要となるので、

$10^{20 \times 2,000}$　故に、　$10^{40,000}$ となります。

ね、生命が誕生する確率　$10^{40,000}$ 分の 1　という数字はちゃんとした数字だったでしょう。(＊´Д｀) 久々の高校数学、疲れちゃった…高校生未満の皆様、log（対数）については、嫌でも勉強することになるので流し読みしてください。

巻末付録②

「地球で生命が誕生したと考えるには時間が短過ぎる」の根拠の出し方

ここでは「地球で生命が誕生したと考えるには時間が短過ぎる」
根拠の出し方について説明します。

まず、138億年という年月について分解してみましょう。

$13{,}800{,}000{,}000 = 1.38 \times 10^{10}$ 年

これを「秒」にすると以下のようになります。

$(1.38 \times 10^{10}$ 年 $\times (3.65 \times 10^2)$ 日 $\times (2.4 \times 10^1)$ 時間 $\times (6.0 \times 10^1)$ 分 $\times (6.0 \times 10^1)$ 秒

$= (1.38 \times 3.65 \times 2.4 \times 6.0 \times 6.0) \times 10^{10+2+1+1+1}$

$= 435 \times 10^{15}$

$= 4.35 \times 10^{17}$

$\fallingdotseq 10^{18}$

すなわち

$10^{40{,}000} / 10^{18} = 10^{40{,}000 - 18}$

単位を年で考えても秒で考えても、時間が短過ぎることは明らかで
すね。

巻末付録③

パンスペルミアテスト！あなたはどこまで彗星パンスペルミアを理解できたか

どれくらいパンスペルミアを理解できたか、穴埋めに挑戦してみましょう～。全問正解であなたもパンスペルミアーに！

1．パンスペルミア説の探求から広がった「宇宙における生命の起源、進化、分布、および、未来を研究する学問」を（　　　　　　　）と言う。

2．彗星パンスペルミア説とは、（　①　）空間に（　②　）が満ちており、それが彗星によって地球に運ばれてきたという説である。

3．白鳥の首のようなＳ字管のついたフラスコを使い、生命は生命からしか生まれないことを証明したのは、（　　　　　　　）博士である。

4．現在の生命の定義を３つ挙げると、「（　①　）を持ち、自己と外界の境界線がある。　自己を（　②　）する。（　③　）する。」である。

5．DNAとは（　①　）（　②　）（　③　）（　④　）という４つの塩基によって作られる遺伝情報を伝達する核酸の一種である。

6．本脚の無脊椎動物で、「緩歩（かんぽ）動物」という種類に属し、水分がなくなると、体がたるのような形に収縮して「乾眠」と呼ばれる仮死状態に入る生物は（　　　　　　）くんである。

7．ロゼッタ探査機に搭載されて打ち上げられた探査機フィエラが世界初の彗星着陸を果たした彗星の名前は、（

　　）彗星である。

8．サー・フレッド・ホイル博士とその弟子の　チャンドラ・（　　　　①

　　　）博士は、ハレー彗星が放つ赤外線の（　　②　　　）が、凍結乾燥したバクテリアの酷似していることを突き止めた。

9．「ある事柄を説明するために、必要以上に仮説を立てるべきでない」とする考えをオッカムの（　　　　　　　）と言う。

10．ノーベル賞受賞者でもある（　　　　　　　　　）は、地球誕生以前に誕生していた別の惑星の知的生命によって、生命がロケットなどに入れられ「種まき」が意図的に行われたという意図的パンスペルミア説を唱えた。

解答

1. アストロバイオロジー

2. ①宇宙　　②胚珠 (種子・生命)

3. ルイ・パスツール

4. ①細胞膜　　②複製　　③代謝

5. ①〜④　アデニン、チミン、グアニン、シトシン　※順不同

6. クマムシ

7. チュリュモフ・ゲラシメンコ

8. ①ウィクラマシンゲ　②スペクトル

9. カミソリ

10. フランシス・クリック

巻末付録④

オススメのパンスペルミア本

本書で物足りなかったアナタ様には、こちらの2冊をオススメします！

彗星パンスペルミア（恒星社厚生閣）

チャンドラ・ウィックラマシンゲ（著）
松井 孝典（監修）　所 源亮（翻訳）
【内容紹介】
生命は彗星に乗って地球にやってきた！
「パンスペルミア」説とは、生命の起源についての仮説の一つ。この宇宙には生命が満ち溢れており、宇宙から生命が何らかの方法で地球に運ばれてきたとする考えのこと。著者のチャンドラ・ウィックラマシンゲとフレッド・ホイルは、彗星による「パンスペルミア」説を初めて唱えた。本書では、これまで彼らが展開してきたパンスペルミア論について、丁寧に根気よく、そして科学的にその根拠を紹介してゆく。最新の知見に基づき、訳者と監修者による補注を加えた。

スリランカの赤い雨　生命は宇宙から飛来するか

（角川学芸出版単行本）
松井 孝典（著）
【内容紹介】
2012年11月13日、スリランカに降った赤い雨の滴から、分裂を繰り返す細胞のような微粒子が発見された。これは宇宙から運ばれてきた生命なのか—。
アストロバイオロジーの最前線が描きだす、驚異の宇宙生命と進化のシナリオ！世界的な惑星科学者が生命誕生の謎に迫る、サイエンス・ノンフィクション！　世界的天文学者、チャンドラ・ウィクラマシンゲ博士との対話を収録。

パンスペルミア推進プロジェクトメンバー紹介

◉ゼネラルプロデューサー　所 源亮（ところ げんすけ）

1949 年生まれ。1972 年一橋大学経済学部卒業。世界最大の種子会社パイオニア・ハイブレッド・インターナショナル社（米国）を経て、ゲン・コーポレーションを設立。1994 年、旭化成と動物用ワクチンの開発企業の日本バイオロジカルズ社を設立。2009 年に売却。2009 年〜 2015 年、一橋大学イノベーション研究センター特任教授。2014 年一般社団法人 ISPA（宇宙生命・宇宙経済研究所）を松井孝典博士、チャンドラ・ウィクラマシンゲ博士と共に設立。医療・薬学如水会名誉会長。京都バイオファーマ製薬株式会社代表取締役社長。

◉永久顧問　Sir Fred Hoyle（サー・フレッド・ホイル）

1915 年 6 月 24 日 - 2001 年 8 月 20 日。イギリスウェスト・ヨークシャー州ブラッドフォード出身の天文学者・数学者。SF 小説作家としても知られる。 定常宇宙論、宇宙の元素合成理論、トリプルアルファ反応、彗星パンスペルミア説など、数々の理論を提唱。研究生活の大半をケンブリッジ大学天文学研究所で過ごし、同研究所所長を長年に渡って務めた。1958 年より 14 年間母校のケンブリッジ大学天文学・経験哲学教授として活躍。その業績として、1948 年相対論的物質創造宇宙論 (定常宇宙論) を発表

し、巨大な星間物質中で太陽と惑星が同時に生成したという説を唱えた。その後カリフォルニア工科大学客員教授を経て、カーディフ大学教授。ビックバンの名付け親としても有名。

◉最高顧問

Chandra Wickramasinghe（チャンドラ・ウィクラマシンゲ）

1939年スリランカ生まれ。物理学者、数学者。コロンボ大学数学部を卒業後、第1回の英連邦奨学生としてケンブリッジ大学に留学。そこでサー・フレッド・ホイル博士と出会い、40年に及ぶ共同研究を開始する。1960年代に星間物質 (星間微粒子) の組成が炭素である事 (星間減光の観測値と直径0.1マイクロメートルの炭素粒子の一致) を証明。星間微粒子が氷でも無機化合物でも無生物的有機化合物でもなく、主に生物及びその分解生成物 (例えば石炭のような) であるという「生物モデル」や、宇宙から彗星に乗って地球へ細菌やウイルスのような微生物が飛来してくるという「彗星パンスペルミア説」、またそこから発展した「ウイルス進化論」（彗星によって地球に運ばれて来たウイルスが、地球に先に到達した単純な形態をした生命体に遺伝子を挿入 (内在性レトロウイルス等) した結果、単純な生命体からより複雑な生命体へと生命が分化したという仮説）など数々の新説を打ち立て、アストロバイオロジー (宇宙生物学) の進展に大きく寄与した。

◉最高顧問　松井 孝典（まつい たかふみ）

1946 年生まれ。1970 年東京大学理学部卒業。理学博士（東京大学大学院理学系研究所）。東京大学名誉教授。日本におけるアストロバイオロジーの第一人者。海の誕生を解明した「水惑星の理論」などで世界的に知られる。2009 年より千葉工業大学・惑星探査研究センター所長。一般社団法人 ISPA（宇宙生命・宇宙経済研究所）理事長。政府の宇宙政策委員会の委員長代理。専門はアストロバイオロジー、地球惑星物理学、文明論。著書に、『生命はどこから来たのか？アストロバイオロジー入門』（文春新書 2013 年）、『スリランカの赤い雨 生命は宇宙から飛来するか』（角川学芸出版 2013 年）、『天体衝突 斉一説から激変説へ 地球、生命、文明史』（講談社ブルーバックス 2014 年）、『銀河系惑星学の挑戦 地球外生命の可能性をさぐる』NHK 出版新書 2015、『文明は〈見えない世界〉がつくる』岩波新書、2017 などがある。

◉顧問　茂木 健一郎（もぎ けんいちろう）

1962 年生まれ。脳科学者。ソニーコンピュータサイエンス研究所シニアリサーチャー、慶應義塾大学特別研究教授。東京大学理学部、法学部卒業後、東京大学大学院理学系研究科物理学専攻課程修了。理学博士。理化学研究所、ケンブリッジ大学を経て現職。専門は脳科学、認知科学。『生命 (DNA) は宇宙を流れる』（フレッド・ホイル / チャンドラ・ウィクラマシンゲ著）の監修も手掛ける。

●マネージングディレクター　**いけのり**（いけのり）

1980 年生まれ。『You も Me も宇宙人』著者。一橋大学商学部卒業後、金融会社、IT 企業を経て独立。粛々と活動中、なぜか「彗星パンスペルミア説」と出会ってしまい、今に至る。独り言サイト「いけのり通信」の更新がライフワーク。

参考文献

『彗星パンスペルミア 生命の源を宇宙に探す』チャンドラ・ウィクラマシンゲ（恒星社厚生閣）

『Astroeconomics (Paper Presented at the 22nd Inter Pacific Bar Association Conference, New Delhi, 2012)』所 源亮

『Vindication of Cosmic Biology, Chapter2』所 源亮

『宇宙経済学（E=M）入門　新しい「いのちの原理」を創る』所 源亮（地湧社）

『生命 (DNA) は宇宙を流れる (Natura‐eye science)』サー・フレッド・ホイル（徳間書店）

『生命・DNA は宇宙からやって来た (５次元文庫マージナル)』サー・フレッド・ホイル（徳間書店）

『生命はどこから来たのか？ アストロバイオロジー入門 (文春新書 930)』松井孝典（文藝春秋）

『われわれはどこへ行くのか？』松井 孝典（ちくまプリマ―新書）

『スリランカの赤い雨 生命は宇宙から飛来するか』松井 孝典（角川学芸出版）

『生命―この宇宙なるもの』フランシス・クリック（新思索社）

『地球外生命は存在する！　宇宙と生命誕生の謎』縣 秀彦（幻冬舎新書）

『生命科学』東京大学生命科学教科書編集委員会（羊土社）

『生物を科学する事典』市石 博・早﨑 博之他（東京堂出版）

『極限環境の生き物たち』大島 泰郎（技術評論社）

『Newton 生命誕生の謎』科学雑誌 Newton（株式会社ニュートンプレス）

『地球外生命体 ―宇宙と生命誕生の謎に迫る―』縣 秀彦（幻冬舎エデュケーション新書）

『宇宙生物学で読み解く「人体」の不思議 (講談社現代新書)』吉田 たかよし

（講談社）

『パラレルワールド 11 次元の宇宙から超空間へ』ミチオ カク（NHK 出版）

『遺伝子の川 (サイエンス・マスターズ)』リチャード・ドーキンス（草思社）

『利己的な遺伝子』リチャード・ドーキンス（紀伊國屋書店）

『宇宙入門』マット・ウィード（創元社）

『14 歳のための宇宙授業 相対論と量子論のはなし』佐治 晴夫（春秋社）

『偶然と必然─現代生物学の思想的問いかけ』ジャック・モノー（みすず書房）

『サピエンス全史 (上下) 文明の構造と人類の幸福』ユヴァル・ノア・ハラリ

（河出書房新社）

『大人のための図鑑 地球・生命の大進化 -46 億年の物語 -』田辺英一 (新星出版

社)

『宇宙の秘密がわかる本』宇宙科学研究倶楽部（地球科学研究倶楽部）

『生命 38 億年の秘密がわかる本』地球科学研究倶楽部（地球科学研究倶楽部）

チャンドラ・ウィクラマシンゲ博士からのお手紙

な、なんと今回の出版にあたって、チャンドラ博士から直々にお祝いのお手紙というか、大変ありがたい濃厚なメッセージをいただきました。私の書いた本文なんてどうでもいいので、読者の皆様には、このメッセージだけでも読んでもらえたらウレピーです。

読者の皆様へ

"Astrobiology"（アストロバイオロジー）の入門書として、私の著書 "The Search for Our Cosmic Ancestry"（邦題『彗星パンスペルミア』）を基に『You も Me も宇宙人』を出版されると聞き、とても嬉しく思います。素晴らしいプロジェクトです。

ご存知の通り、科学と技術は 50 年前には想像できなかった程進歩しました。一つは、天文学と宇宙探索の分野です。もう一つは、生物学とバイオテクノロジーです。この両分野の発展は全く無関係に思えますが、実は密接につながっています。そして、この両分野に新しい学問であるアストロバイオロジーは立脚しています。

しかしながら、この学問は、はじめはしっかりとした方向性を持たずにいました。何の根拠もなく、有機物がありさえすれば生命は誕生するとしていました。この大きな過ちは、有機物から生命の誕生に至る道は簡単なことであって必然であると考えたことです。1970 年の後半から 1980 年の前半にフレッド・ホイルと私が強調したことは、細菌のようなもっとも単純な細胞が持っている生命情報でさえ天文学的、いや超天文学的なレベルに達することです。このことから我々は、生命は宇宙現象として考えなくてはならないと確信しました。

20世紀を通じて生物学のすべての教科書は地球の原始スープから生命が生まれたという仮説（化学進化説）から書き始めています。これは、否定することができない事実とされ、それに反対する立場を唱えると、ことごとく猛反発にさらされました。しかし、最近の天文学と生物学の発見によって、化学進化説を堅持できないことが決定的となりました。近い将来この認識は確実に変わります。その時、つまり我々と宇宙生命とのつながりが明確になり、我々がそれを確信する時、人間は初めて本当の自分を認識することになります。その時、我々は大きく変わることになります。と同時に、我々の思想も社会も政治も変わると思います。人間は地球上の生物圏の生物量のごく一部に過ぎません。

我々の先祖の猿人、原人、旧人、新人は、化石燃料を発見するまでは、比較的穏やかな生活をしていました。最低限の生活をし、地球に還元できないようなものを使うということはありませんでした。20世紀と21世紀における急速な技術開発によって状況は一変しました。今や人類は、加速度的に、地球に二度と戻すことのできない地球資源（石炭、石油、天然ガス、ウラン）を使っています。もちろん、太陽光熱とか風力発電とかの再生可能エネルギーの議論もあります。しかし、技術の旺盛な拡大と成長に応えられるだけのエネルギー源には、とてもなり得ません。

数十億年後には、我々の母なる太陽はそのエネルギーの源となる水素を燃し尽くします。地球上の全ての生命は、太陽に依存しています。そして太陽は、次の段階の赤色巨星になります。この段階では、地球も水星も金星も全て太陽に飲み込まれてしまいます。

我々は将来、宇宙の塵となって宇宙の旅に向かいます。まるで大空に風と舞うタネのように。その中の一粒は、必ず宇宙のどこかで芽生えます。そして、その時、人類は太陽が消滅するずっとずっと前に"不滅"を手に入れたことになります。

チャンドラ・ウィクラマシンゲ

いけのり

秋田県出身。一橋大学商学部卒業後、金融会社
を経て楽天市場株式会社へ。その後独立し、2013
年株式会社青山ストーンラボを立ち上げ、占い
業・執筆・編集業をメインに活動中で、大手サイト
を中心にコラム連載多数。趣味は自らのサイト
「いけのり通信」(http://ikenori.com)の更新。

You も Me も宇宙人

発行日————— 2018年3月26日 初版発行
　　　　　　　　2018年4月30日 2刷発行

著者————————いけのり ©Ikenori 2018

監修—————— 松井孝典

発行人——————増田圭一郎

発行所———————株式会社地湧社
　　　　　　　〒101-0044 東京都千代田区鍛冶町2−5−9
　　　　　　　電話 03-3258-1251
　　　　　　　郵便振替 00120-5-36341

製作協力 —— やなぎ出版

装幀—————— 岡本健＋

組版—————— インターノーツ

印刷・製本——— 中央精版印刷株式会社

万一乱丁または落丁の場合は、お手数ですが小社までお送りください。
送料小社負担にて、お取り替えいたします。

ISBN978-4-88503-247-9 C0044